工业和信息化人才培养规划教材　高职高专计算机系列

InDesign CS5

实例教程（第2版）

InDesign CS5 Examples Tutorial

朱建东 杨喜林 ◎ 主编

李颖 景学红 刘成科 ◎ 副主编

U0311672

人民邮电出版社

北京

图书在版编目（CIP）数据

InDesign CS5实例教程 / 朱建东，杨喜林主编. --
2版. -- 北京：人民邮电出版社，2013.1（2021.1重印）
工业和信息化人才培养规划教材. 高职高专计算机系
列
ISBN 978-7-115-29369-5

Ⅰ. ①I… Ⅱ. ①朱… ②杨… Ⅲ. ①电子排版—应用
软件—高等职业教育—教材 Ⅳ. ①TS803.23

中国版本图书馆CIP数据核字（2012）第240658号

内 容 提 要

本书全面系统地介绍了 InDesign CS5 的基本操作方法和排版设计技巧，内容包括 InDesign CS5 入门知识、绘制和编辑图形对象、路径的绘制与编辑、编辑描边与填充、编辑文本、处理图像、版式编排、表格与图层、页面编排、编辑书籍和目录等内容。

本书内容的讲解均以课堂案例为主线，通过各案例的实际操作，学生可以快速熟悉软件功能和排版设计思路。书中的软件功能解析部分使学生能够深入学习软件和排版制作技巧。课堂练习和课后习题，可以拓展学生的实际应用能力，提高学生的软件使用技巧。

本书适合作为高等职业院校数字媒体艺术类专业 InDesign CS5 课程的教材，也可作为 InDesign 排版设计人员的参考用书。

◆ 主　　编　朱建东　杨喜林

副主编　李　颖　景学红　刘成科

责任编辑　王　威

◆ 人民邮电出版社出版发行　　北京市丰台区成寿寺路 11 号
邮编　100164　　电子邮件　315@ptpress.com.cn
网址　http://www.ptpress.com.cn
北京七彩京通数码快印有限公司印刷

◆ 开本：787×1092　1/16
印张：17.25　　　　　　2013 年 1 月第 2 版
字数：441 千字　　　　2021 年 1 月北京第 12 次印刷

ISBN 978-7-115-29369-5

定价：39.80 元（附光盘）

读者服务热线：(010)81055256　印装质量热线：(010)81055316
反盗版热线：(010)81055315
广告经营许可证：京东市监广登字20170147号

第 2 版前言

InDesign 是由 Adobe 公司开发的专业设计排版软件。它功能强大、易学易用，深受版式编排人员和平面设计师的喜爱，已经成为这一领域最流行的软件之一。目前，我国很多高职院校的数字媒体艺术类专业，都将 InDesign 作为一门重要的专业课程。为了帮助高职院校的教师全面、系统地讲授这门课程，使学生能够熟练地使用 InDesign 来进行设计排版，我们几位长期在高职院校从事 InDesign 教学的教师与专业平面设计公司经验丰富的设计师合作，共同编写了本书。

我们对本书的编写体系做了精心的设计，按照"课堂案例 – 软件功能解析 – 课堂练习 – 课后习题"这一思路进行编排，力求通过课堂案例演练、使学生快速熟悉软件功能和设计排版思路；通过软件功能解析使学生深入学习软件功能；通过课堂练习和课后习题，拓展学生的实际应用能力。在内容编写方面，我们力求细致全面、重点突出；在文字叙述方面，我们注意言简意赅、通俗易懂；在案例选取方面，我们强调案例的针对性和实用性。

本书配套光盘中包含了书中所有案例的素材及效果文件。另外，为方便教师教学，本书配备了详尽的课堂练习和课后习题的操作步骤以及 PPT 课件、教学大纲等丰富的教学资源，任课教师可登录人民邮电出版社教学服务与资源网（www.ptpedu.com.cn）免费下载使用。本书的参考学时为 48 学时，其中实训环节为 18 学时，各章的参考学时参见下面的学时分配表。

章　　节	课 程 内 容	学 时 分 配	
		讲　　授	实　　训
第 1 章	InDesign CS5 入门知识	2	
第 2 章	绘制和编辑图形对象	3	2
第 3 章	路径的绘制与编辑	3	2
第 4 章	编辑描边与填充	3	2
第 5 章	编辑文本	3	2
第 6 章	处理图像	2	2
第 7 章	版式编排	4	2
第 8 章	表格与图层	3	2
第 9 章	页面编排	4	2
第 10 章	编辑书籍和目录	3	2
	课 时 总 计	30	18

本书由朱建东、杨喜林任主编，李颖、景学红、刘成科任副主编。

由于作者水平有限，书中难免存在错误和不妥之处，敬请广大读者批评指正。

编　者

2012 年 8 月

InDesign CS5 教学辅助资源及配套教辅

素材类型	名称或数量	素材类型	名称或数量
教学大纲	1 套	课堂实例	28 个
电子教案	10 单元	课后实例	9 个
PPT 课件	10 个	课后答案	9 个
第 2 章 绘制和编辑图形对象	绘制图标	第 7 章 版式编排	制作食品宣传单
	绘制水晶按钮		制作购物招贴
	绘制播放器		制作台历
	绘制卡通猪		制作红酒折页
	绘制小房子图标		制作报纸版面
第 3 章 路径的绘制与编辑	绘制信纸	第 8 章 版式编排	制作汽车广告
	绘制卡通吊车		制作房地产广告
	绘制汽水瓶盖		制作旅游宣传单
	绘制风景插画		制作健身广告
第 4 章 编辑描边与填充	绘制标志	第 9 章 页面编排	制作杂志封面
	制作 DM 宣传单		制作杂志内页
	绘制卡通头像		制作杂志内页
	制作春天插画		制作美食杂志
第 5 章 编辑文本	制作茶叶宣传册封面	第 10 章 编辑书籍和目录	制作琪美家具宣传手册
	制作茶叶宣传册内页		制作杂志目录
	制作名片		制作杂志书籍
	制作月饼广告		制作美食杂志目录
第 6 章 处理图像	制作茶叶宣传册内页 2		制作琪美家具宣手册
	制作新年贺卡		

目 录

第1章

InDesign CS5 入门知识

本章介绍 InDesign CS5 中文版的操作界面，对工具面板、面板、文件、视图和窗口的基本操作等进行详细的讲解。通过本章的学习，读者可以了解并掌握 InDesign CS5 的基本功能，为进一步学习 InDesign CS5 打下坚实的基础。

课堂学习目标

- InDesign CS5 中文版的操作界面
- 文件的基本操作
- 视图与窗口的基本操作

1.1　InDesign CS5 中文版的操作界面

本节介绍了 InDesign CS5 中文版的操作界面，对菜单栏、控制面板、工具面板及面板进行了详细的讲解。

1.1.1　介绍操作界面

InDesign CS5 的操作界面主要由标题栏、菜单栏、控制面板、工具面板、泊槽、面板、页面区域、滚动条、状态栏等部分组成，如图 1-1 所示。

图 1-1

标题栏：左侧是当前运行程序的名称，右侧是控制窗口的按钮。

菜单栏：包括了 InDesign CS5 中所有的操作命令，主要有 9 个主菜单。每一个菜单又包括了多个子菜单，通过应用这些命令可以完成基本操作。

控制面板：选取或调用与当前页面中所选项目或对象有关的选项和命令。

工具面板：包括了 InDesign CS5 中所有的工具。大部分工具还有其展开式工具面板，里面包括了与该工具功能相类似的工具，可以更方便、快捷地进行绘图与编辑。

泊槽：用来组织和存放面板。

面板：可以快速调出许多设置数值和调节功能的对话框，它是 InDesign CS5 中最重要的组件之一。面板是可以折叠的，可根据需要分离或组合，具有很大的灵活性。

页面区域：是指在工作界面中间以黑色实线表示的矩形区域，这个区域的大小就是用户设置的页面大小。还包括了页面外的出血线、页面内的页边线和栏辅助线。

滚动条：当屏幕内不能完全显示出整个文档的时候，通过对滚动条的拖曳来实现对整个文档的浏览。

状态栏：显示当前文档视图的缩放比例、当前文档的所属页面和文档所处的状态等信息。

1.1.2　使用菜单

熟练地使用菜单栏能够快速有效地完成绘制和编辑任务，提高排版效率。下面，对菜单栏进行详细介绍。

InDesign CS5 中的菜单栏包含"文件"、"编辑"、"版面"、"文字"、"对象"、"表"、"视图"、"窗口"和"帮助"共 9 个菜单，如图 1-2 所示。每个菜单里又包含了相应的子菜单。

单击每一类的菜单都将弹出其下拉菜单。如单击"版面"菜单，将弹出图 1-3 所示的下拉菜单。

图 1-2　　　　　　　　　　　　　　　　　图 1-3

下拉菜单的左边是命令的名称，在经常使用的命令右边是该命令的快捷键组合，要执行该命令，直接按下快捷键组合，这样可以提高操作速度。例如，"版面 > 转到页面"命令的快捷键组合为<Ctrl>+<J>组合键。

有些命令的右边有一个黑色的三角形▶，表示该命令还有相应的下拉子菜单。用鼠标单击黑色三角形▶，即可弹出其下拉菜单。有些命令的后面有省略号"…"，表示用鼠标单击该命令即可弹出其对话框，可以在对话框中进行更详尽的设置。有些命令呈灰色，表示该命令在当前状态下为不可用，需要选中相应的对象或进行了合适的设置后，该命令才会变为黑色，呈可用状态。

1.1.3　使用控制面板

当用户选择不同对象时，InDesign CS5 的控制面板将显示不同的选项，如图 1-4、图 1-5 和图 1-6 所示。

图 1-4

图 1-5

图 1-6

使用工具绘制对象时，可以在控制面板中设置所绘制对象的属性，可以对图形、文本和段落的属性进行设定和调整。

提示 当控制面板的选项改变时，可以通过工具提示来了解有关每一个选项的更多信息。工具提示在将光标移到一个图符或选项上停留片刻时自动出现。

1.1.4 使用工具面板

InDesign CS5 工具面板中的工具具有强大的功能，这些工具可以用来编辑文字、形状、线条和渐变等页面元素。

工具面板不能像其他面板一样进行堆叠、连接操作，但是可以通过单击工具面板上方的图标▶▶单栏或双栏显示；或拖曳工具面板的标题栏到页面中，将其变为活动面板。单击工具面板上方的按钮▲，可在垂直、水平和双栏 3 种外观间切换，如图 1-7、图 1-8、图 1-9 所示。工具面板中部分工具的右下角带有一个黑色三角形，表示该工具还有展开工具组。用鼠标按住该工具不放，即可弹出展开工具组。

图 1-7　　　　　　　　图 1-8　　　　　　　　图 1-9

下面分别介绍各个展开式工具组。

文字工具组包括 4 个工具："文字"工具、"直排文字"工具、"路径文字"工具、"垂直路径文字"工具，如图 1-10 所示。

钢笔工具组包括 4 个工具："钢笔"工具、"添加锚点"工具、"删除锚点"工具、"转换方向点"工具，如图 1-11 所示。

点"工具，如图 1-11 所示。

　　铅笔工具组包括 3 个工具："铅笔"工具、"平滑"工具、"抹除"工具，如图 1-12 所示。

　　矩形框架工具组包括 3 个工具："矩形框架"工具、"椭圆框架"工具、"多边形框架"工具，如图 1-13 所示。

|　　图 1-10　　　　　　　　图 1-11　　　　　　　　图 1-12　　　　　　　　图 1-13

　　矩形工具组包括 3 个工具："矩形"工具、"椭圆"工具和"多边形"工具，如图 1-14 所示。

　　自由变换工具组包括 4 个工具："自由变换"工具、"旋转"工具、"缩放"工具、"切变"工具，如图 1-15 所示。

　　吸管工具组包括 2 个工具："吸管"工具和"度量"工具，如图 1-16 所示。

　　预览工具组包括 4 种预览方式："预览"工具、"出血"工具、"辅助信息区"工具和"演示文稿"工具，如图 1-17 所示。

　　图 1-14　　　　　　　　图 1-15　　　　　　　　图 1-16　　　　　　　　图 1-17

1.1.5　使用面板

　　在 InDesign CS5 的"窗口"菜单中，提供了多种面板，主要有附注、渐变、交互、链接、描边、任务、色板、输出、属性、图层、文本绕排、文字和表、效果、信息、颜色、页面等面板。

1．显示某个面板或其所在的组

　　在"窗口"菜单中选择面板的名称，调出某个面板或其所在的组。要隐藏面板，在窗口菜单中再次单击面板的名称。如果这个面板已经在页面上显示，那么"窗口"菜单中的这个面板命令前会显示"√"。

> **提示**　按<Shift>+<Tab>组合键，显示或隐藏除控制面板和工具面板外的所有面板；按<Tab>键，隐藏所有面板和工具面板。

2．排列面板

　　在面板组中，单击面板的名称标签，它就会被选中并显示为可操作的状态，如图 1-18 所示。把其中一个面板拖到组的外面，如图 1-19 所示，建立一个独立的面板，如图 1-20 所示。

　　按住<Alt>键，拖动其中一个面板的标签，可以移动整个面板组。

图 1-18

图 1-19

图 1-20

3．面板菜单

单击面板右上方的按钮 ，会弹出当前面板的面板菜单，可以从中选择各选项，如图 1-21 所示。

4．改变面板高度和宽度

如果需要改变面板的高度和宽度，可以拖曳面板右下角的尺寸框 来实现。单击面板中的折叠为图标按钮 ，第一次单击折叠为图标，第二次单击可以使面板恢复默认大小。

以"色板"面板为例，原面板效果如图 1-22 所示，在面板右下角的尺寸框 单击并按住鼠标左键不放，将其拖曳到适当的位置，如图 1-23 所示，松开鼠标，效果如图 1-24 所示。

图 1-21

图 1-22

图 1-23

图 1-24

5．将面板收缩到泊槽

在泊槽中的面板标签上单击并按住鼠标左键不放，将其拖曳到页面中，如图 1-25 所示，松开鼠标左键，可以将缩进的面板转换为浮动面板，如图 1-26 所示。在页面中的浮动面板标签上单击并按住鼠标左键不放，将其拖曳到泊槽中，如图 1-27 所示，松开鼠标左键，可以将浮动面板转换为缩进面板，如图 1-28 所示。拖曳缩进到泊槽中的面板标签，放到其他的缩进面板中，可以组合出新的缩进面板组。使用相同的方法可以将多个缩进面板合并为一组。

图 1-25   图 1-26   图 1-27   图 1-28

单击面板的标签（如页面标签 ），可以显示或隐藏面板。单击泊槽上方的 按钮，可以使面板"展开面板"或将其"折叠为图标"。

1.2　文件的基本操作

掌握一些基础的文件操作，是设计和制作作品前所必须的。下面，具体介绍 InDesign CS5 中文件的一些基础操作。

1.2.1　新建文件

新建文档是设计制作的第一步，可以根据自己的设计需要新建文档。

选择"文件 > 新建 > 文档"命令，弹出"新建文档"对话框，如图 1-29 所示。

"用途"选项：可以根据需要设置文档输出后适用的格式。

图 1-29

"页数"选项：可以根据需要输入文档的总页数。

"对页"复选框：选取此项可以在多页文档中建立左右页以对页形式显示的版面格式，就是通常所说的对开页。不选取此项，新建文档的页面格式都以单面单页形成显示。

"起始页码"选项：可以设置文档的起始页码。

"主页文本框架"复选框：可以为多页文档创建常规的主页面。选取此项后，InDesign CS5 会自动在所有页面上加上一个文本框。

"页面大小"选项：可以从选项的下拉菜单中选择标准的页面设置，其中有 A3、A4、信纸等一系列固定的标准尺寸。也可以在"宽度"和"高度"选项中输入宽和高的数值。页面大小代表页面外出血和其他标记被裁掉以后的成品尺寸。

"页面方向"选项：单击"纵向"按钮 或"横向"按钮 ，页面方向会发生纵向或横向的变化。

"装订"选项：两种装订方式可供选择：向左翻或向右翻。单击"从左到右"按钮 ，将按照左边装订的方式装订；单击"从右到左"按钮 ，将按照右边装订的方式装订。文本横排的版面选择左边装订；文本竖排的版面选择右边装订。

单击右上角的"更多选项"按钮，弹出"出血和辅助信息区"选项设置区，如图 1-30 所示。可以设定出血及辅助信息区的尺寸。

图 1-30

> **提示**　出血是为了避免在裁切带有超出成品边缘的图片或背景的作品时，因裁切的误差而露出白边所采取的预防措施，通常是在成品页面外扩展 3mm。

单击右下角的"边距和分栏"按钮，弹出"新建边距和分栏"对话框。在对话框中，可以在"边距"设置区中设置页面边空的尺寸，在框中分别设置"上"、"下"、"内"、"外"的值，如图1-31 所示。在"分栏"设置区中可以设置栏数、栏间距和排版方向。设置需要的数值后，单击"确定"按钮，新建一个页面。在新建的页面中，页边距所表示的"上"、"下"、"内"、"外"分别如图 1-32 所示。

图 1-31   图 1-32

1.2.2 保存文件

如果是新创建或无需保留原文件的出版物，可以使用"存储"命令直接进行保存。如果想要将打开的文件进行修改或编辑后，不替代原文件而进行保存，则需要使用"存储为"命令。

1. 保存新创建文件

选择"文件 > 存储"命令或按<Ctrl>+<S>组合键，弹出"存储为"对话框，在"保存在"选项中选择文件要保存的位置，在"文件名"选项的文本框中输入将要保存文件的文件名，在"保存类型"选项中选择文件保存的类型，如图 1-33 所示，单击"保存"按钮，将文件进行保存。

 第一次保存文件时，InDesign CS5 会提供一个默认的文件名"未命名-1"。

2. 另存已有文件

选择"文件 > 存储为"命令，弹出"存储为"对话框，选择文件的保存位置并输入新的文件名，再选择保存类型，如图 1-34 所示，单击"保存"按钮，保存的文件不会替代原文件，而是以另一新的文件名另外进行保存。此命令可称为"换名存储"。

图 1-33

图 1-34

1.2.3　打开文件

选择"文件 > 打开"命令，或按<Ctrl>+<O>组合键，弹出"打开文件"对话框，如图 1-35 所示，在"查找范围"选项的下拉列表中选择要打开文件所在的位置并单击文件名。

在"文件类型"选项的下拉列表中选择文件的类型。在"打开方式"选项组中，点选"正常"单选项，将正常打开文件；点选"原稿"单选项，将打开文件的原稿；点选"副本"单选项，将打开文件的副本。设置完成后，单击"打开"按钮，窗口就会显示打开的文件。也可以直接双击文件名来打开文件，如图 1-36 所示。

图 1-35

图 1-36

1.2.4　关闭文件

选择"文件 > 关闭"命令或按<Ctrl>+<W>组合键，文件将会被关闭。如果文档没有保存，将会出现一个提示对话框，如图 1-37 所示，选择合适的命令进行关闭。

图 1-37

单击"是"按钮，将在关闭之前对文档进行保存；单击"否"按钮，在文档关闭时将不对文档进行保存；单击"取消"按钮，文档不会关闭，也不会进行保存操作。

1.3　视图与窗口的基本操作

在使用 InDesign CS5 进行图形绘制的过程中，用户可以随时改变视图与页面窗口的显示方式，以利于用户更加细致地观察所绘图形的整体或局部。

1.3.1 视图的显示

"视图"菜单可以选择预定视图以显示页面或粘贴板。选择某个预定视图后，页面将保持此视图效果，直到再次改变预定视图为止。

1．显示整页

选择"视图 > 使页面适合窗口"命令，可以使页面适合窗口显示，如图 1-38 所示；选择"视图 > 使跨页适合窗口"命令，可以使对开页适合窗口显示，如图 1-39 所示。

图 1-38

图 1-39

2．显示实际大小

选择"视图 > 实际尺寸"命令，可以在窗口中显示页面的实际大小，也就是使页面 100%地显示，如图 1-40 所示。

3．显示完整粘贴板

选择"视图 > 完整粘贴板"命令，可以查找或浏览全部粘贴板上的对象，此时屏幕中显示的是缩小的页面和整个粘贴板，如图 1-41 所示。

图 1-40

图 1-41

4．放大或缩小页面视图

选择"视图 > 放大（或缩小）"命令，可以将当前页面视图放大或缩小，也可以选择"缩放"工具 。

当页面中的缩放工具图标变为 图标时，单击可以放大页面视图；按住<Alt>键时，页面中的缩放工具图标变为 Q 图标，单击可以缩小页面视图。

选择"缩放"工具 Q，按住鼠标左键沿着想大的区域拖曳出一个虚线框，如图 1-42 所示，虚线框范围内的内容会被放大显示，效果如图 1-43 所示。

图 1-42

图 1-43

按<Ctrl>+<+>组合键，可以对页面视图按比例进行放大；按<Ctrl>+<->组合键，可以对页面视图按比例进行缩小。

在页面中单击鼠标右键，弹出快捷菜单，如图 1-44 所示，在快捷菜单中可以选择命令对页面视图进行编辑。

选择"抓手"工具 🖑，在页面中按住鼠标左键拖曳可以对窗口中的页面进行移动。

图 1-44

1.3.2　新建、平铺和层叠窗口

排版文件的窗口显示主要有层叠和平铺两种。

选择"窗口 > 排列 > 层叠"命令，可以将打开的几个排版文件层叠在一起，只显示位于窗口最上面的文件，如图 1-45 所示。如果想选择需要操作的文件，单击文件名就可以了。

选择"窗口 > 排列 > 平铺"命令，可以将打开的几个排版文件分别水平平铺显示在窗口中，效果如图 1-46 所示。

图 1-45

图 1-46

选择"窗口 > 排列 > 新建窗口"命令，可以将打开的几个排版文件分别垂直平铺显示在窗口中，效果如图 1-47 所示。

选择"窗口 > 排列 > 复制窗口"命令，可以将打开的文件复制一份。

图 1-47

1.3.3 预览文档

通过工具面板中的预览工具来预览文档，如图 1-48 所示。

正常：单击工具面板底部的常规显示模式按钮，文档将以正常显示模式显示。

预览：单击工具面板底部的预览显示模式按钮，文档将以预览显示模式显示，可以显示文档的实际效果。

出血：单击工具面板底部的出血模式按钮，文档将以出血显示模式显示，可以显示文档及其出血部分的效果。

辅助信息区：单击工具面板底部的辅助信息区按钮，可以显示文档制作为成品后的效果。

演示文稿：单击工具面板底部的演示文稿按钮，InDesign 文档以演示文稿的形式显示。在演示文稿模式下，应用程序菜单、面板、参考线以及框架边缘都是隐藏的。

选择"视图 > 屏幕模式 > 预览"命令，如图 1-49 所示，也可显示预览效果，如图 1-50 所示。

图 1-48　　　　　图 1-49

图 1-50

1.3.4　显示设置

图像的显示方式主要有快速显示、典型显示和高品质显示 3 种，如图 1-51 所示。

快速显示　　　　　　　　　典型显示　　　　　　　　　高品质显示

图 1-51

快速显示是将栅格图或矢量图显示为灰色块。

典型显示是显示低分辨率的代理图像，用于点阵图或矢量图的识别和定位。典型显示是默认选项，是显示可识别图像的最快方式。

高品质显示是将栅格图或矢量图以高分辨率显示。这一选项提供最高的质量，但速度最慢。当需要做局部微调时，使用这一选项。

> **注意**　图像显示选项不会影响 InDesign 文档本身在输出或打印时的图像质量。在打印到 PostScript 设备或者导出为 EPS 或 PDF 文件时，最终的图像分辨率取决于在打印或导出时的输出选项。

1.3.5　显示或隐藏框架边缘

InDesign CS5 在默认状态下，即使没有选定图形，也显示框架边缘，这样在绘制过程中就使页面显示拥挤，不易编辑。只有通过使用"隐藏框架边缘"命令隐藏框架边缘来简化屏幕显示。

在页面中绘制一个图形，如图 1-52 所示。选择"视图 > 其他 > 隐藏框架边缘"命令，如图 1-53 所示。隐藏页面中图形的框架边缘，效果如图 1-54 所示。

图 1-52　　　　　　　　　　图 1-53　　　　　　　　　　图 1-54

第2章

绘制和编辑图形对象

本章介绍 InDesign CS5 中绘制和编辑图形对象的功能。通过学习本章的内容，读者可以熟练掌握绘制、编辑、对齐、分布及组合图形对象的方法和技巧，绘制出漂亮的图形效果。

课堂学习目标

- 绘制图形
- 编辑对象
- 组织图形对象

2.1 绘制图形

使用 InDesign CS5 的基本绘图工具可以绘制简单的图形。通过本节的讲解和练习，可以初步掌握基本绘图工具的特性，为今后绘制更复杂的图形打下坚实的基础。

2.1.1 课堂案例——绘制图标

【案例学习目标】学习使用绘制图形工具绘制图标。

【案例知识要点】使用椭圆工具和剪刀工具绘制弧线，使用多边形工具绘制星形，使用矩形工具和角选项命令绘制不规则图形，使用椭圆工具绘制圆形，如图 2-1 所示。

【效果所在位置】光盘/Ch02/效果/绘制图标.indd。

1. 绘制弧线圆环图形

（1）选择"文件 > 新建 > 文档"命令，弹出"新建文档"对话框，将"页面方向"选项设置为横向，如图 2-2 所示，单击"边距和分栏"按钮，弹出对话框，选项的设置如图 2-3 所示，单击"确定"按钮，新建一个页面。选择"视图 > 其他 > 隐藏框架边缘"命令，将所绘制图形的框架边缘隐藏。

图 2-1

图 2-2   图 2-3

（2）选择"椭圆"工具 ，按住<Shift>键的同时，在页面中拖曳鼠标绘制圆形，如图 2-4 所示。选择"剪刀"工具 ✂，在圆形路径上适当的位置单击鼠标左键，如图 2-5 所示，创建剪切锚点，在另一位置再次单击，如图 2-6 所示，创建剪切锚点。

图 2-4   图 2-5   图 2-6

（3）选择"选择"工具 ▶，选取剪切后的路径，如图 2-7 所示，按<Delete>键，将其删除，效果如图 2-8 所示。单击剩余的路径将其选取，在"控制面板"中将"描边粗细" 0.283 选项设置为 57 点，如图 2-9 所示，按<Enter>键，效果如图 2-10 所示。

图 2-7   图 2-8   图 2-9   图 2-10

（4）选择"窗口＞颜色＞颜色"命令，弹出"颜色"面板，单击"描边"按钮 ▣，设置弧线描边色的 CMYK 值为 0、0、0、30，如图 2-11 所示，按<Enter>键，填充描边，效果如图 2-12 所示。

图 2-11   图 2-12

（5）保持图形的选取状态。选择"椭圆"工具 ⬭，按住<Shift>+<Alt>组合键的同时，以选取图形的中心点为中心绘制圆形，如图 2-13 所示。设置填充色的 CMYK 值为 100、0、0、0，填充图形，并设置描边色的 CMYK 值为 100、30、0、0，填充描边，效果如图 2-14 所示。在"控制面板"中将"描边粗细" ⬚ 0.283 ▾ 选项设置为 20 点，如图 2-15 所示，按<Enter>键，效果如图 2-16 所示。

图 2-13   图 2-14   图 2-15   图 2-16

（6）保持图形的选取状态。选择"窗口＞描边"命令，弹出"描边"面板，在面板中单击"描边居外"按钮 ▣，如图 2-17 所示，图形效果如图 2-18 所示。

图 2-17   图 2-18

2．绘制其他图形

（1）双击"多边形"工具，弹出"多边形设置"对话框，选项的设置如图 2-19 所示，单击"确定"按钮，在页面中拖曳鼠标绘制星形，如图 2-20 所示。选择"对象 > 角选项"命令，弹出"角选项"对话框，在"转角大小"文本框中输入 4，单击"形状"选项右侧的按钮，在弹出的菜单中选择"圆角"选项，如图 2-21 所示，单击"确定"按钮，图形效果如图 2-22 所示。

图 2-19　　　　　　图 2-20　　　　　　图 2-21　　　　　　图 2-22

（2）保持图形的选取状态。双击工具箱下方的"填充"按钮，弹出"拾色器"对话框，调配所需的颜色，如图 2-23 所示，单击"确定"按钮，填充图形，效果如图 2-24 所示。在工具箱中单击"描边"按钮，再单击"应用无"按钮，取消图形描边，效果如图 2-25 所示。

图 2-23　　　　　　　　　　图 2-24　　　　图 2-25

（3）选择"选择"工具，拖曳星形到适当的位置，如图 2-26 所示。按<Ctrl>+<R>组合键，显示标尺，分别拖曳出两条参考线，如图 2-27 所示。选择"旋转"工具，选取图形右上方的中心点，并将其拖曳到参考线交叉的位置，如图 2-28 所示。拖曳星形的同时按住<Alt>键，到适当的位置松开鼠标左键，复制星形，如图 2-29 所示。连续按<Ctrl>+<Alt>+<4>组合键，按需要复制出多个星形，按<Ctrl>+<;>组合键，隐藏参考线，效果如图 2-30 所示。

图 2-26　　　　　图 2-27　　　　　图 2-28　　　　　图 2-29　　　　　图 2-30

（4）选择"矩形"工具，在页面中适当的位置拖曳鼠标绘制矩形，如图 2-31 所示。在"颜色"面板中，设置填充色为白色，填充图形，并设置描边色为无，效果如图 2-32 所示。选择"对象 > 角选项"命令，弹出"角选项"对话框，单击"统一所有设置"按钮，将其解锁，在右上方的"转角大小"文本框中输入30，单击"形状"选项右侧的按钮，在弹出的菜单中选择"斜角"选项，如图 2-33 所示，单击"确定"按钮，效果如图 2-34 所示。

图 2-31   图 2-32   图 2-33   图 2-34

（5）选择"矩形"工具 ，在页面中适当的位置绘制矩形，填充图形为白色，并设置描边色为无，效果如图 2-35 所示。选择"对象 > 角选项"命令，弹出"角选项"对话框，分别在右上方和右下方的"转角大小"文本框中输入 50、10，单击"形状"选项右侧的按钮，在弹出的菜单中选择"斜角"选项，如图 2-36 所示，单击"确定"按钮，效果如图 2-37 所示。

图 2-35   图 2-36   图 2-37

（6）选择"椭圆"工具 ，按住<Shift>键的同时，在页面中拖曳鼠标绘制两个圆形，如图 2-38 所示。选择"选择"工具 ，按住<Shift>键的同时，将两个圆形同时选取，如图 2-39 所示。在"控制面板"中将"描边粗细" 选项设置为 22 点，按<Enter>键，效果如图 2-40 所示。在"颜色"面板中，设置描边色为白色，填充描边，效果如图 2-41 所示。

图 2-38   图 2-39   图 2-40   图 2-41

（7）选择"选择"工具 ，选取一个星形，如图 2-42 所示。按住<Alt>键的同时，向右下方拖曳鼠标到适当的位置，复制星形，并调整其大小，效果如图 2-43 所示。在页面空白处单击，取消图形的选取状态，图标绘制完成，效果如图 2-44 所示。

图 2-42   图 2-43   图 2-44

2.1.2 矩形

1. 使用鼠标直接拖曳绘制矩形

选择"矩形"工具 ▭，鼠标光标会变成-¦-形状，按下鼠标左键，拖曳到合适的位置，如图 2-45 所示，松开鼠标，绘制出一个矩形，如图 2-46 所示。光标的起点与终点处决定着矩形的大小。按住<Shift>键的同时，再进行绘制，可以绘制出一个正方形，如图 2-47 所示。

| 图 2-45 | 图 2-46 | 图 2-47 |

按住<Shift>+<Alt>组合键的同时，在绘图页面中拖曳鼠标，将以当前点为中心绘制正方形。

2. 使用对话框精确绘制矩形

选择"矩形"工具 ▭，在页面中单击，弹出"矩形"对话框，在对话框中可以设定所要绘制矩形的宽度和高度。

设置需要的数值，如图 2-48 所示，单击"确定"按钮，在页面单击处出现需要的矩形，如图 2-49 所示。

图 2-48　　　　图 2-49

3. 使用角选项制作矩形角的变形

选择"选择"工具 ▶，选取绘制好的矩形，选择"对象 > 角选项"命令，弹出"角选项"对话框，在"转角大小"文本框中输入值以指定角效果到每个角点的扩展半径，在"形状"选项中分别选取需要的角形状，单击"确定"按钮，效果如图 2-50 所示。

"角选项"对话框　　　　　　　花式　　　　　　　斜角

内陷　　　　　　　反向圆角　　　　　　　圆角

图 2-50

2.1.3 椭圆形和圆形

1. 使用直接拖曳绘制椭圆形

选择"椭圆"工具 ◯，鼠标光标会变成-¦-形状，按下鼠标左键，拖曳到合适的位置，如图2-51所示，松开鼠标，绘制出一个椭圆形，如图2-52所示。光标的起点与终点处决定着椭圆形的大小和形状。按住<Shift>键的同时，再进行绘制，可以绘制出一个圆形，如图2-53所示。

图 2-51 图 2-52 图 2-53

按住<Shift>+<Alt>组合键的同时，将在绘图页面中以当前点为中心绘制圆形。

2. 使用对话框精确绘制椭圆形

选择"椭圆"工具 ◯，在页面中单击，弹出"椭圆"对话框，在对话框中可以设定所要绘制椭圆的宽度和高度。

设置需要的数值，如图2-54所示，单击"确定"按钮，在页面单击处出现需要的椭圆形，如图2-55所示。

椭圆形和圆形可以应用角效果，但是不会有任何变化，因其没有拐点。

图 2-54 图 2-55

2.1.4 多边形

1. 使用鼠标直接拖曳绘制多边形

选择"多边形"工具 ◯，鼠标光标会变成-¦-形状。按下鼠标左键，拖曳到适当的位置，如图2-56所示，松开鼠标，绘制出一个多边形，如图2-57所示。光标的起点与终点处决定着多边形的大小和形状。软件默认的边数值为6。按住<Shift>键的同时，再进行绘制，可以绘制出一个正多边形，如图2-58所示。

图 2-56 图 2-57 图 2-58

2. 使用对话框精确绘制多边形

双击"多边形"工具 ◎，弹出"多边形设置"对话框，在"边数"选项中，可以通过改变数值框中的数值或单击微调按钮来设置多边形的边数。设置需要的数值，如图 2-59 所示，单击"确定"按钮，在页面中拖曳鼠标，绘制出需要的多边形，如图 2-60 所示。

选择"多边形"工具 ◎，在页面中单击，弹出"多边形"对话框，在对话框中可以设置所要绘制的多边形的宽度、高度和边数。设置需要的数值，如图 2-61 所示，单击"确定"按钮，在页面单击处出现需要的多边形，如图 2-62 所示。

图 2-59　　　　　　　　图 2-60　　　　　　　　图 2-61　　　　　　　　图 2-62

3. 使用角选项制作多边形角的变形

选择"选择"工具 ▶，选取绘制好的多边形，选择"对象 > 角选项"命令，弹出"角选项"对话框，在"形状"选项中分别选取需要的角效果，单击"确定"按钮，效果如图 2-63 所示。

多边形　　　　花式　　　　斜角　　　　内陷　　　　反向圆角　　　　圆角

图 2-63

2.1.5　星形

1. 使用多边形工具绘制星形

双击"多边形"工具 ◎，弹出"多边形设置"对话框，在"边数"选项中，可以通过改变数值框中的数值或单击微调按钮来设置多边形的边数；在"星形内陷"选项中，可以通过改变数值框中的数值或单击微调按钮来设置多边形尖角的锐化程度。

设置需要的数值，如图 2-64 所示，单击"确定"按钮，在页面中拖曳鼠标，绘制出需要的五角形，如图 2-65 所示。

2. 使用对话框精确绘制星形

选择"多边形"工具 ◎，在页面中单击，弹出"多边形"对话框，在对话框中可以设置所要绘制星形的宽度和高度、边数和星形内陷。

设置需要的数值，如图 2-66 所示，单击"确定"按钮，在页面单击处出现需要的八角形，如图 2-67 所示。

图 2-64

图 2-65

图 2-66

图 2-67

3．使用角选项制作星形角的变形

选择"选择"工具 ，选取绘制好的星形，选择"对象 > 角选项"命令，弹出"角选项"对话框，在"效果"选项中分别选取需要的角效果，单击"确定"按钮，效果如图 2-68 所示。

原图 　　 花式 　　 斜角 　　 内陷 　　 反向圆角 　　 圆角

图 2-68

2.1.6　形状之间的转换

1．使用菜单栏进行形状之间的转换

选择"选择"工具 ，选取需要转换的图形，选择"对象 > 转换形状"命令，在弹出的子菜单中包括：矩形、圆角矩形、斜角矩形、反向圆角矩形、椭圆、三角形、多边形、线条、正交直线，如图 2-69 所示。

选择"选择"工具 ，选取需要转换的图形，选择"对象 > 转换形状"命令，分别选择其子菜单中的命令，效果如图 2-70 所示。

图 2-69

原图（矩形） 　　 圆角矩形 　　 斜角矩形 　　 反向圆角矩形

椭圆 　　 三角形 　　 多边形 　　 线条 　　 正交直线

图 2-70

提示　若原图为线条，是不能和其他形状转换的。

2．使用面板在形状之间转换

选择"选择"工具 ，选取需要转换的图形，选择"窗口 > 对象和版面 > 路径查找器"命令，弹出"路径查找器"面板，如图 2-71 所示，单击"转换形状"选项组中的按钮，可在形状之间互相转换。

2.2　编辑对象

在 InDesign CS5 中，可以使用强大的图形对象编辑功能对图形对象进行编辑，其中包括对象的多种选取方法和对象的缩放、移动、镜像和复制等。

图 2-71

2.2.1　课堂案例——绘制水晶按钮

【案例学习目标】学习使用绘图工具和编辑对象命令绘制图形。

【案例知识要点】使用椭圆工具和渐变色板工具绘制渐变圆形，使用投影命令为圆形添加投影效果，使用渐变羽化命令制作圆形高光，使用椭圆工具、旋转工具和缩放工具制作装饰图形，如图 2-72 所示。

【效果所在位置】光盘/Ch02/效果/绘制水晶按钮.indd。

1．绘制水晶按钮及其高光

（1）选择"文件 > 新建 > 文档"命令，弹出"新建文档"对话框，将"页面方向"选项设置为横向，如图 2-73 所示，单击"边距和分栏"按钮，弹出对话框，选项的设置如图 2-74 所示，单击"确定"按钮，新建一个页面。选择"视图 > 其他 > 隐藏框架边缘"命令，将所绘制图形的框架边缘隐藏。

图 2-72

图 2-73

图 2-74

（2）选择"椭圆"工具 ，按住<Shift>键的同时，在页面中拖曳鼠标绘制圆形，如图 2-75 所示。双击"渐变色板"工具 ，弹出"渐变"面板，在"类型"选项的下拉列表中选择"径向"，在色带上设置 3 个渐变色标，分别将渐变色标的位置设置为 0、72、87，并设置 CMYK 的值为 0（33、0、100、0），72（77、0、100、6），87（100、0、100、38），如图 2-76 所示，在圆形上由下至上拖曳渐变，编辑状态如图 2-77 所示，松开鼠标，填充渐变色，并设置描边色为无，效果如图 2-78 所示。

图 2-75　　　　　　　图 2-76　　　　　　　图 2-77　　　　　　　图 2-78

（3）保持图形的选取状态。单击"控制面板"中的"向选定的目标添加对象效果"按钮 *fx*，在弹出的菜单中选择"投影"命令，在弹出的"效果"对话框中进行设置，如图 2-79 所示，单击"确定"按钮，效果如图 2-80 所示。

图 2-79　　　　　　　　　　　　　　图 2-80

（4）选择"椭圆"工具 ，在页面中拖曳鼠标绘制椭圆形，如图 2-81 所示。填充图形为白色，并设置描边色为无，效果如图 2-82 所示。

（5）保持图形的选取状态。单击"控制面板"中的"向选定的目标添加对象效果"按钮 *fx*，在弹出的菜单中选择"渐变羽化"命令，在弹出的对话框中进行设置，如图 2-83 所示，单击"确定"按钮，效果如图 2-84 所示。

图 2-81　　　　图 2-82　　　　　　　　　图 2-83　　　　　　　　图 2-84

2．绘制装饰图形

（1）选择"椭圆"工具 ，按住<Shift>键的同时，在适当的位置拖曳鼠标绘制圆形，如图 2-85 所示。设置填充色为白色，填充图形，并设置描边色为无，效果如图 2-86 所示。

图 2-85　　　　　　图 2-86

（2）按<Ctrl>+<R>组合键，显示出标尺，在页面中拖曳出两条参考线。选择"旋转"工具 ，将图形的中心点拖曳到参考线交叉的位置，如图 2-87 所示。按住<Alt>键的同时，在图形的中心点上单击，在弹出对话框中进行设置，如图 2-88 所示，单击"复制"按钮，效果如图 2-89 所示。连续按<Ctrl>+<Alt>+<4>组合键，按需要再复制出多个圆形。按<Ctrl>+<;>组合键，隐藏参考线，效果如图 2-90 所示。

图 2-87　　　　　　　　图 2-88　　　　　　　　图 2-89　　　　　　　　图 2-90

（3）选择"选择"工具 ，按住<Shift>键的同时，将白色的圆形同时选取。选择"对象 > 编组"命令，将选取的图形编组，效果如图 2-91 所示。选择"对象 > 变换 > 缩放"命令，弹出"缩放"对话框，选项的设置如图 2-92 所示，单击"复制"按钮，复制并缩小图形，效果如图 2-93 所示。

图 2-91　　　　　　　　图 2-92　　　　　　　　图 2-93

（4）保持图形的选取状态。选择"对象 > 变换 > 缩放"命令，弹出"缩放"对话框，选项的设置如图 2-94 所示，单击"复制"按钮，复制并缩小图形，效果如图 2-95 所示。在页面空白处单击，取消图形的选取状态，水晶按钮绘制完成，效果如图 2-96 所示。

图 2-94　　　　　　　　图 2-95　　　　　　　　图 2-96

2.2.2　选取对象和取消选取

在 InDesign CS5 中，当对象呈选取状态时，在对象的周围出现限位框（又称为外框）。限位框是代表对象水平和垂直尺寸的矩形框。对象的选取状态如图 2-97 所示。

当同时选取多个图形对象时，对象保留各自的限位框，选取状态如图 2-98 所示。

要取消对象的选取状态，只要在页面中的空白位置单击即可。

图 2-97   图 2-98

1. 使用"选择"工具选取对象

选择"选择"工具 ，在要选取的图形对象上单击，即可选取该对象。如果该对象是未填充的路径，则单击它的边缘即可选取。

选取多个图形对象时，按住<Shift>键的同时，依次单击选取多个对象，如图 2-99 所示。

选择"选择"工具 ，在页面中要选取的图形对象外围拖曳鼠标，出现虚线框，如图 2-100 所示，虚线框接触到的对象都将被选取，如图 2-101 所示。

图 2-99   图 2-100   图 2-101

2. 使用"直接选择"工具选取对象

选择"直接选择"工具 ，拖曳鼠标圈选图形对象，如图 2-102 所示，对象被选取，但被选取的对象不显示限位框，只显示锚点，如图 2-103 所示。

图 2-102   图 2-103

选择"直接选择"工具 ，在图形对象的某个锚点上单击，该锚点被选取，如图 2-104 所示。按住鼠标左键拖曳选取的锚点到适当的位置，如图 2-105 所示，松开鼠标，改变对象的形状，如图 2-106 所示。

按住<Shift>键的同时，单击需要的锚点，可选取多个锚点。

图 2-104　　　　　　　图 2-105　　　　　　　图 2-106

选择"直接选择"工具 ，将鼠标指针放置在图形上，图形呈选取状态，如图 2-107 所示，在中心点再次单击，选取整个图形，如图 2-108 所示，按住鼠标左键将其拖曳到适当的位置，如图 2-109 所示，松开鼠标左键，移动对象。

图 2-107　　　　　　　图 2-108　　　　　　　图 2-109

选择"直接选择"工具 ，单击图片的限位框，如图 2-110 所示，再单击中心点，如图 2-111 所示，按住鼠标左键将其拖曳到适当的位置，如图 2-112 所示。松开鼠标，则只移动限位框，框内的图片没有移动，效果如图 2-113 所示。

图 2-110　　　　　　图 2-111　　　　　　图 2-112　　　　　　图 2-113

选择"直接选择"工具 ，当鼠标置于图片之上时，直接选择工具会自动变为抓手工具 ，如图 2-114 所示，在图形上单击，可选取限位框内的图片，如图 2-115 所示。按住鼠标左键拖曳图片到适当的位置，如图 2-116 所示，松开鼠标，则只移动图片，限位框没有移动，效果如图 2-117 所示。

| 图 2-114 | 图 2-115 | 图 2-116 | 图 2-117 |

3．使用控制面板选取对象

单击"控制调板"中的"选择上一对象"按钮，或"选择下一对象"按钮，可选取当前对象的上一个对象或下一个对象。单击"选择内容"按钮，可选取限位框中的图片，选择"选择容器"按钮，可以选取限位框。

2.2.3　缩放对象

1．使用工具箱中的工具缩放对象

选择"选择"工具，选取要缩放的对象，对象的周围出现限位框，如图 2-118 所示。选择"自由变换"工具，拖曳对象右上角的控制手柄，如图 2-119 所示，松开鼠标，对象的缩放效果如图 2-120 所示。

| 图 2-118 | 图 2-119 | 图 2-120 |

选择"选择"工具，选取要缩放的对象，选择"缩放"工具，对象的中心会出现缩放对象的中心控制点，单击并拖曳中心控制点到适当的位置，如图 2-121 所示，再拖曳对角线上的控制手柄到适当的位置，如图 2-122 所示，松开鼠标，对象的缩放效果如图 2-123 所示。

| 图 2-121 | 图 2-122 | 图 2-123 |

2．使用"变换"面板缩放对象

选择"选择"工具 �)，选取要缩放的对象，如图 2-124 所示。选择"窗口 ＞ 对象和面板 ＞ 变换"命令，弹出"变换"面板，如图 2-125 所示。在面板中，设置"X 的缩放百分比"和"Y 的缩放百分比"文本框中的数值可以按比例缩放对象。设置"W"和"H"的数值可以缩放对象的限位框，但不能缩放限位框中的图片。

设置需要的数值，如图 2-126 所示，按<Enter>键，确认操作，效果如图 2-127 所示。

图 2-124　　　　　图 2-125　　　　　图 2-126　　　　　图 2-127

3．使用控制面板缩放对象

选择"选择"工具 ▶，选取要缩放的对象，如图 2-128 所示，控制面板如图 2-129 所示。在控制面板中，若单击"约束宽度和高度的比例"按钮 ，可以按比例缩放对象的限位框。其他选项的设置与"变换"面板中的相同，故这里不再赘述。

设置需要的数值，如图 2-130 所示，按<Enter>键，确定操作，效果如图 2-131 所示。

图 2-128　　　　　　　　　　　　　　图 2-129

图 2-130　　　　　　　　　　图 2-131

4．使用菜单命令缩放对象

选择"选择"工具 ▶，选取要缩放的对象，如图 2-132 所示。选择"对象 ＞ 变换 ＞ 缩放"命令，或双击"缩放"工具 ，弹出"缩放"对话框，如图 2-133 所示。在对话框中，设置"X 缩放"和"Y 缩放"文本框中的百分比数值可以按比例缩放对象。若单击"约束缩放比例"按钮 ，就可以不按比例缩放对象。单击"复制"按钮，可复制多个缩放对象。

图 2-132

图 2-133

设置需要的数值，如图 2-134 所示，单击"确定"按钮，效果如图 2-135 所示。

图 2-134

图 2-135

5. 使用鼠标右键弹出式菜单命令缩放对象

在选取的图形对象上单击鼠标右键，弹出快捷菜单，选择"变换 > 缩放"命令，也可以对对象进行缩放（以下操作均可使用此方法）。

提示 拖曳对角线上的控制手柄时，按住<Shift>键，对象会按比例缩放。按住<Shift>+<Alt>组合键，对象会按比例地从对象中心缩放。

2.2.4 移动对象

1. 使用键盘和工具箱中的工具移动对象

选择"选择"工具 ，选取要移动的对象，如图 2-136 所示。在对象上单击并按住鼠标左键不放，拖曳到适当的位置，如图 2-137 所示。松开鼠标，对象移动到需要的位置，效果如图 2-138 所示。

图 2-136

图 2-137

图 2-138

选择"选择"工具 ，选取要移动的对象，如图 2-139 所示。双击"选择"工具 ，弹出"移动"对话框，如图 2-140 所示。在对话框中，"水平"和"垂直"文本框分别可以设置对象在水平方向和垂直方向上移动的数值；"距离"文本框可以设置对象移动的距离；"角度"文本框可以设置对象移动或旋转的角度。若单击"复制"按钮，可复制出多个移动对象。

设置需要的数值，如图 2-141 所示，单击"确定"按钮，效果如图 2-142 所示。

图 2-139

图 2-140

图 2-141

图 2-142

选取要移动的对象，用方向键可以微调对象的位置。

2．使用"变换"面板移动对象

选择"选择"工具 ，选取要移动的对象，如图 2-143 所示。选择"窗口 > 对象和版面 > 变换"命令，弹出"变换"面板，如图 2-144 所示。在面板中，"X"和"Y"表示对象所在位置的横坐标值和纵坐标值。在文本框中输入需要的数值，如图 2-145 所示，按<Enter>键，可移动对象，效果如图 2-146 所示。

图 2-143

图 2-144

图 2-145

图 2-146

3．使用控制面板移动对象

选择"选择"工具 ，选取要移动的对象，控制面板如图 2-147 所示。在控制面板中，设置"X"和"Y"文本框中的数值可以移动对象。

4. 使用菜单命令移动对象

选择"选择"工具 ，选取要移动的对象。选择"对象 > 变换 > 移动"命令，或按
<Shift>+<Ctrl>+<M>组合键，弹出"移动"对话框，如图 2-148 所示。与双击"选择"工具 弹
出的对话框相同，故这里不再赘述。设置需要的数值，单击"确定"按钮，可移动对象。

图 2-147   图 2-148

2.2.5 镜像对象

1. 使用控制面板镜像对象

选择"选择"工具 ，选取要镜像的对象，如图 2-149 所示。单击"控制面板"中的"水平
翻转"按钮 ，可使对象沿水平方向翻转镜像，效果如图 2-150 所示。单击"垂直翻转"按钮 ，
可使对象沿垂直方向翻转镜像。

选取要镜像的对象，选择"缩放"工具 ，在图片上适当的位置单击，将镜像中心控制点置
于适当的位置，如图 2-151 所示，单击"控制面板"中的"水平翻转"按钮 ，可使对象以中心
控制点为中心水平翻转镜像，效果如图 2-152 所示。单击"垂直翻转"按钮 ，可使对象以中心
控制点为中心垂直翻转镜像。

图 2-149   图 2-150   图 2-151   图 2-152

2. 使用菜单命令镜像对象

选择"选择"工具 ，选取要镜像的对象。选择"对象 > 变换 > 水平翻转"命令，可使对
象水平翻转；选择"对象 > 变换 > 垂直翻转"命令，可使对象垂直翻转。

3. 使用"选择"工具镜像对象

选择"选择"工具 ，选取要镜像的对象，如图 2-153 所示。按住鼠标左键拖曳控制手柄到
相对的边，对象随鼠标移动翻转，如图 2-154 所示，松开鼠标，对象的镜像效果如图 2-155 所示。

图 2-153   图 2-154   图 2-155

直接拖曳左边或右边中间的控制手柄到相对的边，松开鼠标就可以得到原对象的水平镜像；
直接拖曳上边或下边中间的控制手柄到相对的边，松开鼠标就可以得到原对象的垂直镜像。

提示 在镜像对象的过程中，只能使对象本身产生镜像。想要在镜像的位置生成一个对象的复制品，必须先在原位复制一个对象。

2.2.6 旋转对象

1. 使用工具箱中的工具旋转对象

选取要旋转的对象，如图 2-156 所示。选择"自由变换"工具 ，对象的四周出现限位框，将光标放在限位框的外围，变为旋转符号 ，按下鼠标左键拖曳对象，对象随之旋转，如图 2-157 所示。旋转到需要的角度后松开鼠标左键，对象的旋转效果如图 2-158 所示。

图 2-156   图 2-157   图 2-158

选取要旋转的对象，如图 2-159 所示。选择"旋转"工具 ，对象的右下方出现旋转中心图标 ，如图 2-160 所示，将鼠标移动到旋转中心上，按下鼠标左键拖曳旋转中心到需要的位置，如图 2-161 所示，在所选对象外围拖曳鼠标旋转对象，效果如图 2-162 所示。

图 2-159   图 2-160   图 2-161   图 2-162

2. 使用"变换"面板旋转对象

选择"窗口 > 对象和版面 > 变换"命令，弹出"变换"面板。"变换"面板的使用方法和

"移动对象"中的使用方法相同，这里不再赘述。

3．使用控制面板旋转对象

选择"选择"工具 ，选取要旋转的对象，在控制面板中的"旋转角度" 文本框中设置对象需要旋转的角度，按<Enter>键，确认操作，对象被旋转。

单击"顺时针旋转90°"按钮 ，可将对象顺时针旋转90°；单击"逆时针旋转90°"按钮 ，将对象逆时针旋转90°。

4．使用菜单命令旋转对象

选取要旋转的对象，如图 2-163 所示。选择"对象 > 变换 > 旋转"命令或双击"旋转"工具 ，弹出"旋转"对话框，如图 2-164 所示。在"角度"文本框中可以直接输入对象旋转的角度，旋转角度可以是正值也可以是负值，对象将按指定的角度旋转。

图 2-163   图 2-164

设置需要的数值，如图 2-165 所示，单击"确定"按钮，效果如图 2-166 所示。

图 2-165   图 2-166

2.2.7   倾斜变形对象

1．使用工具箱中的工具倾斜变形对象

选取要倾斜变形的对象，如图 2-167 所示。选择"切变"工具 ，用鼠标拖动对象使之变形，如图 2-168 所示。倾斜到需要的角度后松开鼠标左键，对象的倾斜变形效果如图 2-169 所示。

图 2-167   图 2-168   图 2-169

2．使用"变换"面板倾斜变形对象

选择"窗口 > 对象和版面 > 变换"命令，弹出"变换"面板。"变换"面板的使用方法和"移动对象"中的使用方法相同，这里不再赘述。

3．使用控制面板倾斜对象

选择"选择"工具 ，选取要倾斜的对象，在控制面板的" X　切变角度" 文本框中设置对象需要倾斜的角度，按<Enter>键，确定操作，对象按指定的角度倾斜。

4．使用菜单命令倾斜变形对象

选取要倾斜变形的对象，如图 2-170 所示。选择"对象 > 变换 > 切变"命令，弹出"切变"对话框，如图 2-171 所示。在"切变角度"文本框中可以设置对象切变的角度。在"轴"选项组中，点选"水平"单选项，对象可以水平倾斜；点选"垂直"单选项，对象可以垂直倾斜。"复制"按钮用于在原对象上复制多个倾斜的对象。

图 2-170

图 2-171

设置需要的数值，如图 2-172 所示，单击"确定"按钮，效果如图 2-173 所示。

图 2-172

图 2-173

2.2.8　复制对象

1．使用菜单命令复制对象

选取要复制的对象，如图 2-174 所示。选择"编辑 > 复制"命令，或按<Ctrl>+<C>组合键，对象的副本将被放置在剪贴板中。

选择"编辑 > 粘贴"命令，或按<Ctrl>+<V>组合键，对象的副本将被粘贴到页面中，选择"选择"工具 ，将其拖曳到适当的位置，效果如图 2-175 所示。

图 2-174　　　　　　　　　　　　　　　　　图 2-175

2．使用鼠标右键弹出式菜单命令复制对象

选取要复制的对象，如图 2-176 所示。在对象上单击鼠标右键，弹出快捷菜单，选择"变换 >
移动"命令，如图 2-177 所示，弹出"移动"对话框，设置需要的数值，如图 2-178 所示，单击
"复制"按钮，可以在选中的对象上复制一个对象，效果如图 2-179 所示。

在对象上再次单击鼠标右键，弹出快捷菜单，选择"再次变换 > 再次变换"命令，或按
<Ctrl>+<Alt>+<4>组合键，对象可按"移动"对话框中的设置再次进行复制，如图 2-180 所示。

图 2-176　　　　　　　　　　　　　　　　　图 2-177

图 2-178　　　　　　　　　图 2-179　　　　　　　　　图 2-180

3．使用鼠标拖动方式复制对象

选取要复制的对象，按住<Alt>键的同时，在对象上拖动鼠标，对象的周围出现灰色框指示移
动的位置，移动到需要的位置后，松开鼠标左键，再松开<Alt>键，可复制出一个选取对象。

2.2.9　删除对象

选取要删除的对象，选择"编辑 > 清除"命令，或按<Delete>键，可以将选取的对象删除。
如果想删除多个或全部对象，首先要选取这些对象，再执行"清除"命令。

很好是 0、80、100、0，如图 2-185 所示，并复制粘贴出多个文字，效果如图 2-186 所示。

2.2.10 撤销和恢复对对象的操作

1. 撤销对对象的操作

选择"编辑 > 还原"命令，或按<Ctrl>+<Z>组合键，可以撤销上一次的操作。连续按快捷键，可以连续撤销原来的操作。

2. 恢复对对象的操作

选择"编辑 > 重做"命令，或按<Shift>+<Ctrl>+<Z>组合键，可以恢复上一次的操作。如果连续按两次快捷键，即恢复两步操作。

2.3 组织图形对象

在 InDesign CS5 中，有很多组织图形对象的方法，其中包括调整对象的前后顺序，对齐与分布对象，编组、锁定与隐藏对象等。

2.3.1 课堂案例——绘制播放器

【案例学习目标】学习使用对齐面板对齐图形，使用排列命令调整图形的排列顺序。

【案例知识要点】使用椭圆工具制作装饰图案，使用对齐面板制作圆之间的对齐效果，使用排列命令调整图形的前后顺序，如图 2-181 所示。

【效果所在位置】光盘\Ch02\效果\绘制播放器.indd。

1. 绘制背景及装饰图形

（1）选择"文件 > 新建 > 文档"命令，弹出"新建文档"对话框，如图 2-182 所示。单击"边距和分栏"按钮，弹出"新建边距和分栏"对话框，选项设置如图 2-183 所示，单击"确定"按钮，新建一个页面。选择"视图 > 其他 > 隐藏框架边缘"命令，将所绘制图形的框架边缘隐藏。

图 2-181

图 2-182

图 2-183

（2）选择"椭圆"工具 ，按住<Shift>键的同时，在页面中拖曳鼠标绘制圆形，效果如图 2-184 所示。双击"渐变色板"工具 ，弹出"渐变"面板，在"类型"选项中选择"线性"，在色带上选中左侧的渐变色标，设置 CMYK 的值为 0、0、100、0，选中右侧的渐变色标，设置 CMYK

的值为 0、80、100、0，如图 2-185 所示，填充渐变色，并设置描边色为无，效果如图 2-186 所示。

图 2-184　　　　　　　图 2-185　　　　　　　图 2-186

（3）按<Ctrl>+<C>组合键，复制图形。选择"编辑 > 原位粘贴"命令，原位粘贴图形。选择"选择"工具 ，按住<Shift>键的同时，向内拖曳控制手柄，调整图形的大小，如图 2-187 所示。在"控制面板"中单击"水平翻转"按钮 ，水平翻转图形，效果如图 2-188 所示。

（4）用圈选的方法将两个渐变图形同时选取。选择"窗口 > 对象和版面 > 对齐"命令，弹出"对齐"面板，如图 2-189 所示，分别单击"水平居中对齐"按钮 和"垂直居中对齐"按钮 ，图形的对齐效果如图 2-190 所示。选择"对象 > 编组"命令，将选取的两个图形编组，效果如图 2-191 所示。

图 2-187　　　　图 2-188　　　　　图 2-189　　　　图 2-190　　　　图 2-191

2. 添加文字并绘制按钮

（1）选择"文字"工具 ，在页面中拖曳一个文本框，输入需要的文字。将输入的文字选取，在"控制面板"中选择合适的字体并设置文字大小，效果如图 2-192 所示。将输入的文字选取，在"颜色"面板中，设置填充色的 CMYK 值为 0、100、100、0，如图 2-193 所示，按<Enter>键，填充文字。在空白页面处单击，取消文字的选取状态，效果如图 2-194 所示。

（2）选择"选择"工具 ，用圈选的方法将文字和编组图形同时选取，在"对齐"面板中分别单击"水平居中对齐"按钮 和"垂直居中对齐"按钮 ，对齐效果如图 2-195 所示。

图 2-192　　　　　　图 2-193　　　　　　图 2-194　　　　　　图 2-195

（3）选择"椭圆"工具 ，按住<Shift>键的同时，在页面中拖曳鼠标绘制圆形，如图 2-196 所示。选择"选择"工具 ，在"控制面板"中将"描边粗细" 选项设置为 1.4 点，按<Enter>键，效果如图 2-197 所示。

图 2-196　　　　　　图 2-197

（4）双击"多边形"工具 ，弹出"多边形设置"对话框，选项的设置如图 2-198 所示，单击"确定"按钮，在页面中拖曳鼠标绘制图形，如图 2-199 所示。选择"删除锚点"工具 ，将鼠标指针放置在不需要的锚点上，如图 2-200 所示，单击鼠标左键，删除锚点，如图 2-201 所示。

图 2-198　　　　　　图 2-199　　　　　　图 2-200　　　　　　图 2-201

（5）用相同的方法将右侧不需要的锚点删除，如图 2-202 所示。选择"选择"工具 ，在"控制面板"中将"旋转角度" 选项设置为－90°，按<Enter>键，效果如图 2-203 所示。在"颜色"面板中设置填充色的 CMYK 值为 0、100、100、0，填充图形，效果如图 2-204 所示。

图 2-202　　　　　　图 2-203　　　　　　图 2-204

（6）选择"选择"工具 ，将图形拖曳到适当的位置，如图 2-205 所示。用圈选的方法将两个圆形和箭头图形同时选取，按<Ctrl>+<G>组合键，将其编组，并将其拖曳到适当的位置，效果如图 2-206 所示。用上述方法分别绘制其他按钮图形，效果如图 2-207 所示。

图 2-205　　　　　　图 2-206　　　　　　图 2-207

3．绘制播放线

（1）选择"钢笔"工具 ，在页面中单击鼠标左键绘制路径，如图 2-208 所示。选择"窗口 >

描边"命令，弹出"描边"面板，在"类型"选项的下拉列表中选择"波浪线"，其他选项的设置如图 2-209 所示，线条效果如图 2-210 所示。

图 2-208 　　　　　　　图 2-209 　　　　　　　图 2-210

（2）选择"选择"工具 ，将线条拖曳到适当的位置，如图 2-211 所示。选择"对象 > 排列 > 置入底层"命令，将线条置于所有图形的下方，如图 2-212 所示。按<Ctrl>+<C>组合键，复制图形，选择"编辑 > 原位粘贴"命令，原位粘贴图形。单击"控制面板"中的"垂直翻转"按钮 ，垂直旋转线条，效果如图 2-213 所示。

图 2-211 　　　　　　　图 2-212 　　　　　　　图 2-213

（3）选择"选择"工具 ，按住<Shift>键的同时，垂直向上拖曳复制线条到适当的位置，如图 2-214 所示。按<Ctrl>+<Shift>+<[>组合键，将复制线条置于所有图形的下方，效果如图 2-215 所示。在页面空白处单击，取消线条的选取状态，播放器绘制完成，效果如图 2-216 所示。

图 2-214 　　　　　　　图 2-215 　　　　　　　图 2-216

2.3.2　对齐对象

在"对齐"面板中的"对齐对象"选项组中，包括 6 个对齐命令按钮："左对齐"按钮 、

"水平居中对齐"按钮 、"右对齐"按钮 、"顶对齐"按钮 、"垂直居中对齐"按钮 、
"底对齐"按钮 。

选取要对齐的对象，如图 2-217 所示。选择"窗口 > 对象和版面 > 对齐"命令，或按
<Shift>+<F7>组合键，弹出"对齐"面板，如图 2-218 所示，单击需要的对齐按钮，对齐效果如
图 2-219 所示。

图 2-217

图 2-218

左对齐

水平居中对齐

右对齐

顶对齐

垂直居中对齐

底对齐

图 2-219

2.3.3　分布对象

在"对齐"面板中的"分布对象"选项组中，包括 6 个分布命令按钮："按顶分布"按钮 、
"垂直居中分布"按钮 、"按底分布"按钮 、"按左分布"按钮 、"水平居中分布"按钮
、"按右分布"按钮 、"垂直分布间距"按钮 和"水平分布间距"按钮 。单击需要
的分布命令按钮，分布效果如图 2-220 所示。

原图	按顶分布	垂直居中分布
按底分布	按左分布	水平居中分布
按右分布	垂直分布间距	水平分布间距

图 2-220

勾选"使用间距"复选框，在数值框中设置距离数值，所有被选取的对象将以所需要的分布方式按设置的数值等距离分布。

2.3.4 对齐基准

在"对齐"面板中的"对齐基准"选项中，包括 4 个对齐命令：对齐选区、对齐边距、对齐页面和对齐跨页。选择需要的对齐基准，以"按顶分布"为例，对齐效果如图 2-221 所示。

| 对齐选区 | 对齐边距 | 对齐页面 | 对齐跨页 |

图 2-221

2.3.5　用辅助线对齐对象

选择"选择"工具 ，单击页面左侧的标尺，按住鼠标左键不放并向右拖曳，拖曳出一条垂直的辅助线，将辅助线放在要对齐对象的左边线上，如图 2-222 所示。

用鼠标单击下方图片并按住鼠标左键不放向右拖曳，使下方图片的左边线和上方图片的左边线垂直对齐，如图 2-223 所示。松开鼠标，对齐效果如图 2-224 所示。

图 2-222　　　　　　　图 2-223　　　　　　　图 2-224

2.3.6　对象的排序

图形对象之间存在着堆叠的关系，后绘制的图像一般显示在先绘制的图像之上。在实际操作中，可以根据需要改变图像之间的堆叠顺序。

选取要移动的图像。选择"对象 > 排列"命令，其子菜单包括 4 个命令："置于顶层"、"前移一层"、"后移一层"、"置为底层"，使用这些命令可以改变图形对象的排序，如图 2-225 所示。

图 2-225

2.3.7 编组

1. 创建编组

选取要编组的对象，如图 2-226 所示。选择"对象 > 编组"命令，或按<Ctrl>+<G>组合键，将选取的对象编组，如图 2-227 所示。编组后，选择其中的任何一个图像，其他的图像也会同时被选取。

将多个对象组合后，其外观并没有变化，当对任何一个对象进行编辑时，其他对象也随之产生相应的变化。

图 2-226   图 2-227

"编组"命令还可以将几个不同的组合进行进一步的组合，或在组合与对象之间进行进一步的组合。在几个组之间进行组合时，原来的组合并没有消失，它与新得到的组合是嵌套的关系。

> **提示** 组合不同图层上的对象，组合后所有的对象将自动移动到最上边对象的图层中，并形成组合。

2. 取消编组

选取要取消编组的对象，如图 2-228 所示。选择"对象 > 取消编组"命令，或按<Shift>+<Ctrl>+<G>组合键，取消对象的编组。取消编组后的图像，可通过单击鼠标左键选取任意一个图形对象，如图 2-229 所示。

图 2-228   图 2-229

进行一次"取消编组"命令只能取消一层组合。如两个组合使用"编组"命令得到一个新的组合。应用"取消编组"命令取消这个新组合后，得到两个原始的组合。

2.3.8 锁定对象位置

使用锁定命令来锁定文档中不希望移动的对象。只要对象是锁定的，它便不能移动，但仍然可以选取该对象，并更改其他的属性（如颜色、描边等）。当文档被保存、关闭或重新打开时，锁定的对象会保持锁定。

选取要锁定的图形，如图 2-230 所示。选择"对象 > 锁定"命令，或按<Ctrl>+<L>组合键，将图形的位置锁定。锁定后，当移动图形时，则其他图形移动，该对象保持不动，效果如图 2-231 所示。

选择"对象 > 解锁位置"命令，或按<Alt>+<Ctrl>+<L>组合键，被锁定的对象就会被取消锁定。

图 2-230   图 2-231

2.4 课堂练习——绘制卡通猪

【练习知识要点】使用矩形工具和角选项命令绘制底图，使用椭圆工具绘制眼睛，使用复制命令和缩放命令制作出右眼，使用椭圆工具和多边形工具绘制卡通猪其他部分，使用复制命令和水平翻转命令制作出右脚，如图 2-232 所示。

【效果所在位置】光盘/Ch02/效果/绘制卡通猪.indd。

图 2-232

2.5 课后习题——绘制小房子图标

【习题知识要点】使用矩形工具和直接选择工具绘制房屋和屋顶，使用矩形工具和椭圆工具绘制小树，如图 2-233 所示。

【效果所在位置】光盘/Ch02/效果/绘制小房子图标.indd。

图 2-233

第3章

路径的绘制与编辑

本章介绍 InDesign CS5 中路径的相关知识，讲解如何运用各种方法绘制和编辑路径。通过对本章的学习，可以运用强大的绘制与编辑路径工具绘制出需要的自由曲线和创意图形。

课堂学习目标

- 绘制并编辑路径
- 复合形状

3.1 绘制并编辑路径

在 InDesign CS5 中，可以使用绘图工具绘制直线和曲线路径，也可以将矩形、多边形、椭圆形和文本对象转换成路径。下面，具体介绍绘图和编辑路径的方法与技巧。

3.1.1 课堂案例——绘制信纸

【案例学习目标】学习使用绘制图形工具、编辑对象命令绘制信纸。

【案例知识要点】使用矩形工具、椭圆工具和复制命令绘制信纸，使用铅笔工具和描边面板制作信纸边框，使用矩形工具、直线工具、描边面板、切变命令、复制命令制作装饰图形，如图 3-1 所示。

【效果所在位置】光盘/Ch03/效果/绘制信纸.indd。

1．绘制信纸

（1）选择"文件 > 新建 > 文档"命令，弹出"新建文档"对话框，如图 3-2 所示，单击"边距和分栏"按钮，弹出如图 3-3 所示对话框，单击"确定"按钮，新建一个页面。选择"视图 > 其他 >隐藏框架边缘"命令，将所绘制图形的框架边缘隐藏。

图 3-2

图 3-3

（2）选择"矩形"工具 ▣，在页面中拖曳鼠标绘制矩形，如图 3-4 所示。设置填充色的 CMYK 值为 20、0、0、0，填充图形，并设置描边色为无，效果如图 3-5 所示。

图 3-4　　　　　　　　　　图 3-5

（3）选择"矩形"工具 ▣，在页面中拖曳鼠标绘制矩形，如图 3-6 所示。选择"椭圆"工具 ◯，按住<Shift>键的同时，在适当的位置拖曳鼠标绘制圆形，如图3-7所示。选择"选择"工具▶，用圈选的方法将矩形和圆形同时选取，并将其拖曳至适当的位置，如图3-8所示。填充图形为白色，并设置描边色为无，效果如图3-9所示。

图3-6   图3-7   图3-8   图3-9

（4）保持图形的选取状态。按<Ctrl>+<G>组合键，将其编组，如图3-10所示。按住<Shift>+<Alt>组合键的同时，水平向右拖曳编组图形到适当的位置，复制图形，如图3-11所示。连续按<Ctrl>+<Alt>+<4>组合键，按需要再复制出多个编组图形，效果如图3-12所示。

图3-10   图3-11

图3-12

2. 绘制信纸边框

（1）选择"铅笔"工具✐，在页面中拖曳鼠标绘制图形，如图3-13所示。选择"选择"工具▶，在"控制面板"中将"描边粗细" 0.283 选项设置为6点，按<Enter>键，效果如图3-14所示。设置描边色的CMYK值为80、0、0、0，填充描边，效果如图3-15所示。

图3-13   图3-14   图3-15

（2）保持图形的选取状态。选择"窗口 > 描边"命令，弹出"描边"面板，在"类型"选项的下拉列表中选择"波浪线"，其他选项的设置如图 3-16 所示，图形描边效果如图 3-17 所示。

图 3-16　　　　　　　　　　　　图 3-17

3．绘制装饰图形

（1）选择"矩形"工具，按住<Shift>键的同时，在页面中拖曳鼠标绘制矩形，如图 3-18 所示。选择"对象 > 变换 > 切变"命令，弹出"切变"对话框，选项的设置如图 3-19 所示，单击"确定"按钮，效果如图 3-20 所示。选择"选择"工具，在"控制面板"中将"描边粗细"选项设置为 6 点，按<Enter>键。设置描边色的 CMYK 值为 80、0、0、0，填充描边，图形效果如图 3-21 所示。

图 3-18　　　　　　图 3-19　　　　　　图 3-20　　　　　　图 3-21

（2）保持图形的选取状态。选择"描边"面板，在"类型"选项的下拉列表中选择"波浪线"，其他选项的设置如图 3-22 所示，效果如图 3-23 所示。按<Ctrl>+<C>组合键，复制图形。选择"编辑 > 原位粘贴"命令，原位粘贴图形。在"控制面板"单击"水平翻转"按钮，水平翻转图形，效果如图 3-24 所示。按住<Shift>键的同时，水平向右拖曳图形到适当的位置，效果如图 3-25 所示。

图 3-22　　　　　　图 3-23　　　　　　图 3-24　　　　　　图 3-25

（3）选择"直线"工具，按住<Shift>键的同时，在页面中拖曳鼠标绘制直线，如图 3-26 所示。设置描边色的 CMYK 值为 80、0、0、0，填充描边，效果如图 3-27 所示。

图 3-26　　　　　　　　　　　　　　　图 3-27

（4）保持图形的选取状态。选择"描边"面板，在"类型"选项的下拉列表中选择"虚线（4 和 4）"，其他选项的设置如图 3-28 所示，效果如图 3-29 所示。

图 3-28　　　　　　　　　　　　　　　图 3-29

（5）保持图形的选取状态。选择"选择"工具，按住<Shift>键的同时，单击底图将其选中，如图 3-30 所示。选择"窗口 > 对象和版面 > 对齐"命令，弹出"对齐"面板，单击"水平居中对齐"按钮，图形的对齐效果如图 3-31 所示。

图 3-30　　　　　　　　　　　　　　　图 3-31

（6）选择"选择"工具，只选取线条图形，按住<Shift>+<Alt>组合键的同时，垂直向下拖曳鼠标到适当的位置，复制线条图形，如图 3-32 所示。多次按<Ctrl>+<Alt>+<4>组合键，按需要再复制出多个线条图形，效果如图 3-33 所示。

图 3-32　　　　　　　　　　图 3-33

（7）选择"文件 > 置入"命令，弹出"置入"对话框，选择光盘中的"Ch03 > 素材 > 绘制信纸 > 01"文件，单击"打开"按钮，在页面中单击鼠标左键置入图片。选择"选择"工具 ，拖曳图片到适当的位置，如图 3-34 所示。在页面空白处单击，取消选取状态，信纸绘制完成，效果如图 3-35 所示。

图 3-34   图 3-35

3.1.2 路径

1. 路径的基本概念

路径分为开放路径、闭合路径和复合路径 3 种类型。开放路径的两个端点没有连接在一起，如图 3-36 所示。闭合路径没有起点和终点，是一条连续的路径，如图 3-37 所示，可对其进行内部填充或描边填充。复合路径是将几个开放或闭合路径进行组合而形成的路径，如图 3-38 所示。

图 3-36   图 3-37   图 3-38

2. 路径的组成

路径由锚点和线段组成，可以通过调整路径上的锚点或线段来改变路径的形状。在曲线路径上，每一个锚点有一条或两条控制线，在曲线中间的锚点有两条控制线，在曲线端点的锚点有一条控制线。控制线总是与曲线上锚点所在的圆相切，控制线呈现的角度和长度决定了曲线的形状。控制线的端点称为控制点，可以通过调整控制点来对整个曲线进行调整，如图 3-39 所示。

图 3-39

锚点：由钢笔工具创建，是一条路径中两条线段的交点。路径是由锚点组成的。

直线锚点：单击刚建立的锚点，可以将锚点转换为带有一个独立调节手柄的直线锚点。直线锚点是一条直线段与一条曲线段的连接点。

曲线锚点：曲线锚点是带有两个独立调节手柄的锚点。曲线锚点是两条曲线段之间的连接点。调节手柄可以改变曲线的弧度。

控制线和调节手柄：通过调节控制线和调节手柄，可以更精准地绘制出路径。

直线段：用钢笔工具在图像中单击两个不同的位置，将在两点之间创建一条直线段。

曲线段：拖动曲线锚点可以创建一条曲线段。

端点：路径的结束点就是路径的端点。

3.1.3　直线工具

选择"直线"工具　，鼠标的光标会变成 形状，按下鼠标左键并拖曳到适当的位置可以绘制出一条任意角度的直线，如图 3-40 所示。松开鼠标左键，绘制出选取状态的直线，效果如图 3-41 所示。选择"选择"工具　，在选中的直线外单击，取消选取状态，直线的效果如图 3-42 所示。

按住<Shift>键，再进行绘制，可以绘制水平、垂直或 45°及 45°倍数的直线，如图 3-43 所示。

图 3-40　　　　　　图 3-41　　　　　　图 3-42　　　　　　图 3-43

3.1.4　铅笔工具

1. 使用铅笔工具绘制开放路径

选择"铅笔"工具　，当光标显示为图标 时，在页面中拖曳鼠标绘制路径，如图 3-44 所示，松开鼠标后，效果如图 3-45 所示。

图 3-44　　　　　　　　　　　　　　　　　　图 3-45

2. 使用铅笔工具绘制封闭路径

选择"铅笔"工具　，按住鼠标左键，在页面中拖曳鼠标，按住<Alt>键，当铅笔工具显示为图标 时，表示正在绘制封闭路径，如图 3-46 所示，松开鼠标左键，再松开<Alt>键，绘制出封闭的路径，效果如图 3-47 所示。

图 3-46　　　　　　　　　　　　　　　图 3-47

3．使用铅笔工具链接两条路径

选择"选择"工具 ，选取两条开放的路径，如图 3-48 所示。选择"铅笔"工具 ，按住鼠标左键，将光标从一条路径的端点拖曳到另一条路径的端点处，如图 3-49 所示。

图 3-48　　　　　　　　　　　图 3-49

按住<Ctrl>键，铅笔工具显示为合并图标 ，表示将合并两个锚点或路径，如图 3-50 所示，松开鼠标左键，再松开<Ctrl>键，效果如图 3-51 所示。

图 3-50　　　　　　　　　　图 3-51

3.1.5　平滑工具

选择"直接选择"工具 ，选取要进行平滑处理的路径，选择"平滑"工具 ，沿着要进行平滑处理的路径线段拖曳，如图 3-52 所示，继续进行平滑处理，直到描边或路径达到所需的平滑度，效果如图 3-53 所示。

图 3-52　　　　　　　　　　图 3-53

3.1.6　抹除工具

选择"直接选择"工具 ，选取要抹除的路径，如图 3-54 所示，选择"抹除"工具 ，沿要抹除的路径段拖曳，如图 3-55 所示，抹除后的路径断开，生成两个端点，效果如图 3-56 所示。

图 3-54   图 3-55   图 3-56

3.1.7 钢笔工具

1. 使用钢笔工具绘制直线和折线

选择"钢笔"工具 ，在页面中任意位置单击，将创建出一个锚点，将鼠标光标移动到需要的位置再单击，可以创建第 2 个锚点，两个锚点之间自动以直线进行连接，效果如图 3-57 所示。

再将鼠标光标移动到其他位置再单击，就出现了第 3 个锚点，在第 2、3 个锚点之间生成一条新的直线路径，效果如图 3-58 所示。

图 3-57   图 3-58

使用相同的方法继续绘制路径效果，如图 3-59 所示。当要闭合路径时，将鼠标光标定位于创建的第 1 个锚点上，鼠标光标变为 图标，如图 3-60 所示。单击就可以闭合路径，效果如图 3-61 所示。

绘制一条路径并保持路径开放，如图 3-62 所示。按住<Ctrl>键的同时，在对象外的任意位置单击，可以结束路径的绘制，开放路径效果如图 3-63 所示。

图 3-59   图 3-60   图 3-61   图 3-62   图 3-63

提示

按住<Shift>键创建锚点，将强迫系统以 45°角或 45°的倍数绘制路径。按住<Alt>键，"钢笔"工具 将暂时转换成"转换方向点"工具 。按住<Ctrl>键的同时，"钢笔"工具 将暂时转换成"直接选择"工具。

2．使用钢笔工具绘制路径

选择"钢笔"工具 ，在页面中单击，并按住鼠标左键拖曳鼠标来确定路径的起点。起点的两端分别出现了一条控制线，松开鼠标左键，其效果如图 3-64 所示。

移动鼠标光标到需要的位置，再次单击并按住鼠标左键拖曳鼠标，出现了一条路径段。拖曳鼠标的同时，第 2 个锚点两端也出现了控制线。按住鼠标左键不放，随着鼠标的移动，路径段的形状也随之发生变化，如图 3-65 所示。松开鼠标左键，移动鼠标继续绘制。

如果连续地单击并拖曳鼠标，就会绘制出连续平滑的路径，如图 3-66 所示。

图 3-64　　　　　　图 3-65　　　　　　图 3-66

3．使用钢笔工具绘制混合路径

选择"钢笔"工具 ，在页面中需要的位置单击两次绘制出直线，如图 3-67 所示。

移动鼠标光标到需要的位置，再次单击并按住鼠标左键拖曳鼠标，绘制出一条路径段，如图 3-68 所示，松开鼠标左键。移动鼠标到需要的位置，再次单击并按住鼠标左键拖曳鼠标，又绘制出一条路径段，松开鼠标左键，如图 3-69 所示。

图 3-67　　　　　　图 3-68　　　　　　图 3-69

将"钢笔"工具 的光标定位于刚建立的路径锚点上，一个转换图符 会出现在钢笔工具旁，在路径锚点上单击，将路径锚点转换为直线锚点，如图 3-70 所示。移动鼠标到需要的位置，再次单击，在路径段后绘制出直线段，如图 3-71 所示。

将鼠标光标定位于创建的第 1 个锚点上，鼠标光标变为 图标，单击并按住鼠标左键拖曳鼠标，如图 3-72 所示。松开鼠标左键，绘制出路径并闭合路径，如图 3-73 所示。

图 3-70　　　　　图 3-71　　　　　图 3-72　　　　　图 3-73

4．调整路径

选择"直接选择"工具 ，选取希望调整的路径，如图 3-74 所示。使用"直接选择"工具 ，在要调整的锚点上单击并拖曳鼠标，可以移动锚点到需要的位置，如图 3-75 所示。拖曳锚点两端的控制线上的调节手柄，可以调整路径的形状，如图 3-76 所示。

| 图 3-74 | 图 3-75 | 图 3-76 |

3.1.8 选取、移动锚点

1. 选中路径上的锚点

对路径或图形上的锚点进行编辑时，必须首先选中要编辑的锚点。绘制一条路径。选择"直接选择"工具，将显示路径上的锚点和线段，如图 3-77 所示。

路径中的每个方形小圈就是路径的锚点，在需要选取的锚点上单击，锚点上会显示控制线和控制线两端的控制点，同时会显示前后锚点的控制线和控制点，效果如图 3-78 所示。

| 图 3-77 | 图 3-78 |

2. 选中路径上的多个或全部锚点

选择"直接选择"工具，按住<Shift>键，单击需要的锚点，可选取多个锚点，如图 3-79 所示。

选择"直接选择"工具，在绘图页面中路径图形的外围按住鼠标左键，拖曳鼠标圈住多个或全部的锚点，如图 3-80、图 3-81 所示，被圈住的锚点将被多个或全部选取，如图 3-82、图 3-83 所示。单击路径外的任意位置，锚点的选取状态将被取消。

图 3-79

选择"直接选择"工具，单击路径的中心点，可选取路径上的所有锚点，如图 3-94 所示。

| 图 3-80 | 图 3-81 | 图 3-82 | 图 3-83 | 图 3-84 |

3. 移动路径上的单个锚点

绘制一个图形，如图 3-85 所示。选择"直接选择"工具，单击要移动的锚点并按住鼠标左键拖曳，如图 3-86 所示。松开鼠标左键，图形调整的效果如图 3-87 所示。

选择"直接选择"工具，选取并拖曳锚点上的控制点，如图 3-88 所示。松开鼠标左键，图形调整的效果如图 3-89 所示。

| 图 3-85 | 图 3-86 | 图 3-87 | 图 3-88 | 图 3-89 |

4．移动路径上的多个锚点

选择"直接选择"工具 ，圈选图形上的部分锚点，如图 3-90 所示。按住鼠标左键将其拖曳到适当的位置，松开鼠标左键，移动后的锚点如图 3-91 所示。

选择"直接选择"工具 ，锚点的选取状态如图 3-92 所示，拖曳任意一个被选取的锚点，其他被选取的锚点也会随着移动，如图 3-93 所示。松开鼠标左键，效果如图 3-94 所示。

| 图 3-90 | 图 3-91 | 图 3-92 | 图 3-93 | 图 3-94 |

3.1.9　增加、删除、转换锚点

选择"直接选择"工具 ，选取要增加锚点的路径，如图 3-95 所示。选择"钢笔"工具 或"添加锚点"工具 ，将光标定位到要增加锚点的位置，如图 3-96 所示，单击鼠标左键增加一个锚点，如图 3-97 所示。

| 图 3-95 | 图 3-96 | 图 3-97 |

选择"直接选择"工具 ，选取需要删除锚点的路径，如图 3-98 所示。选择"钢笔"工具 或"删除锚点"工具 ，将光标定位到要删除的锚点的位置，如图 3-99 所示，单击鼠标左键可以删除这个锚点，效果如图 3-100 所示。

| 图 3-98 | 图 3-99 | 图 3-100 |

技巧 如果需要在路径和图形中删除多个锚点，可以先按住<Shift>键，再用鼠标选择要删除的多个锚点，选择好后按<Delete>键就可以了。也可以使用圈选的方法选择需要删除的多个锚点，选择好后按<Delete>键。

选择"直接选择"工具，选取路径，如图 3-101 所示。选择"转换方向点"工具，将光标定位到要转换的锚点上，如图 3-102 所示。拖曳鼠标可转换锚点，编辑路径的形状，效果如图 3-103 所示。

图 3-101　　　　　　　　　图 3-102　　　　　　　　　图 3-103

3.1.10　连接、断开路径

1．使用钢笔工具连接路径

选择"钢笔"工具，将光标置于一条开放路径的端点上，当光标变为图标时，如图 3-104 所示，单击端点，在需要扩展的新位置单击，绘制出的连接路径如图 3-105 所示。

图 3-104　　　　　　　　　　　　　图 3-105

选择"钢笔"工具，将光标置于一条路径的端点上，当光标变为图标时，如图 3-106 所示，单击端点，再将光标置于另一条路径的端点上，当光标变为图标时，如图 3-107 所示，单击端点，将两条路径连接，效果如图 3-108 所示。

图 3-106　　　　　　　　　图 3-107　　　　　　　　　图 3-108

2．使用面板连接路径

选择一条开放路径，如图 3-109 所示。选择"窗口 > 对象和版面 > 路径查找器"命令，弹

出"路径查找器"面板，单击"封闭路径"按钮 ，如图 3-110 所示，将路径闭合，效果如图
3-111 所示。

图 3-109　　　　　　　　图 3-110　　　　　　　　图 3-111

3．使用菜单命令连接路径

选择一条开放路径。选择"对象 > 路径 > 封闭路径"命令，也可将路径封闭。

4．使用剪刀工具断开路径

选择"直接选择"工具 ，选取要断开路径的锚点，如图 3-112 所示。选择"剪刀"工具 ，
在锚点处单击，可将路径剪开，如图 3-113 所示，选择"直接选择"工具 ，单击并拖曳断开的
锚点，效果如图 3-114 所示。

图 3-112　　　　　　　　图 3-113　　　　　　　　图 3-114

选择"选择"工具 ，选取要断开的路径，如图 3-115 所示。选择"剪刀"工具 ，在要断
开的路径处单击，可将路径剪开，单击处将生成呈选中状态的锚点，如图 3-116 所示，选择"直
接选择"工具 ，单击并拖曳断开的锚点，效果如图 3-117 所示。

图 3-115　　　　　　　　图 3-116　　　　　　　　图 3-117

5．使用面板断开路径

选择"选择"工具 ，选取需要断开的路径，如图 3-118 所示。选择"窗口 > 对象和版面 >
路径查找器"命令，弹出"路径查找器"面板，单击"开放路径"按钮 ，如图 3-119 所示，将
封闭的路径断开，如图 3-120 所示，呈选中状态的锚点是断开的锚点，选取并拖曳锚点，效果如
图 3-121 所示。

| 图 3-118 | 图 3-119 | 图 3-120 | 图 3-121 |

6. 使用菜单命令断开路径

选择一条封闭路径。选择"对象 > 路径 > 开放路径"命令，可将路径断开，呈现选中状态的锚点为路径的断开点。

3.2 复合形状

在 InDesign CS5 中，使用复合形状来编辑图形对象是非常重要的手段。复合形状是由简单路径、文本框、文本外框或其他形状通过添加、减去、交叉、排除重叠或减去后方对象制作而成的。

3.2.1 课堂案例——绘制卡通吊车

【案例学习目标】学习使用绘制图形工具和路径查找器面板绘制卡通吊车。

【案例知识要点】使用矩形工具和渐变色板工具绘制渐变背景，使用钢笔工具、减去命令和相加命令制作卡通吊车，使用文字工具输入需要的文字，如图 3-122 所示。

【效果所在位置】光盘/Ch03/效果/绘制卡通吊车.indd。

图 3-122

1. 制作渐变背景

（1）选择"文件 > 新建 > 文档"命令，弹出"新建文档"对话框，设置如图 3-123 所示，单击"边距和分栏"按钮，弹出对话框，选项的设置如图 3-124 所示，单击"确定"按钮，新建一个页面。选择"视图 > 其他 > 隐藏框架边缘"命令，将所绘制图形的框架边缘隐藏。

图 3-123

图 3-124

（2）选择"矩形"工具 ，在页面中拖曳鼠标绘制矩形，如图 3-125 所示。选择"对象 > 角选项"命令，在弹出的对话框中进行设置，如图 3-126 所示，单击"确定"按钮，效果如图 3-127 所示。

图 3-125　　　　　　　　　　　　　　图 3-126　　　　　　　　　　　　　图 3-127

（3）双击"渐变色板"工具 ，弹出"渐变"面板，在色带上选中左侧的渐变色标，设置 CMYK 的值为 0、0、100、0，选中右侧的渐变色标，设置 CMYK 的值为 0、100、100、59，其他选项的设置如图 3-128 所示，图形被填充渐变色，并设置描边色为无，效果如图 3-129 所示。

图 3-128　　　　　　　　　　　　　　　　　　图 3-129

2．绘制卡通吊车

（1）选择"钢笔"工具 ，在页面中绘制闭合路径，如图 3-130 所示。用相同的方法分别绘制 4 个闭合路径，如图 3-131 所示。

（2）选择"选择"工具 ，选取渐变底图，按<Ctrl>+<L>组合键，将其锁定。用圈选的方法将所绘制的闭合路径同时选

图 3-130　　　　　　　　　　　图 3-131

取，如图 3-132 所示。选择"窗口 > 对象和版面 > 路径查找器"命令，弹出"路径查找器"面板，单击"减去"按钮 ，如图 3-133 所示，效果如图 3-134 所示。

图 3-132　　　　　　　　　　图 3-133　　　　　　　　　　图 3-134

（3）选择"矩形"工具 ，在页面中拖曳鼠标绘制矩形，如图 3-135 所示。选择"对象 > 角

选项"命令，弹出"角选项"对话框，选项的设置如图 3-136 所示，单击"确定"按钮，效果如图 3-137 所示。

图 3-135

图 3-136

图 3-137

（4）选择"选择"工具 ，按住<Shift>+<Alt>组合键的同时，垂直向下拖曳图形到适当的位置，复制图形，如图 3-138 所示。按<Ctrl>+<Alt>+<4>组合键，再次复制图形，如图 3-139 所示。

图 3-138

图 3-139

（5）用圈选的方法将所绘制的图形同时选取，如图 3-140 所示。单击"路径查找器"面板中的"减去"按钮 ，效果如图 3-141 所示。

图 3-140

图 3-141

（6）选择"矩形"工具 ，在页面中拖曳鼠标绘制矩形，如图 3-142 所示。选择"对象 > 角选项"命令，弹出"角选项"对话框，选项的设置如图 3-143 所示，单击"确定"按钮，效果如图 3-144 所示。

图 3-142

图 3-143

图 3-144

（7）使用相同的方法再绘制一个圆角矩形图形，如图 3-145 所示。选择"选择"工具 ，选取需要的图形，如图 3-146 所示，单击"路径查找器"面板中的"相加"按钮 ，如图 3-147 所示，效果如图 3-148 所示。

图 3-145　　　　　　图 3-146　　　　　　　　　　　　图 3-147　　　　　　　图 3-148

（8）选择"选择"工具 ，选取需要的图形，如图 3-149 所示，单击"路径查找器"面板中的"减去"按钮 ，效果如图 3-150 所示。

图 3-149　　　　　　　　　　　　　　图 3-150

（9）选择"椭圆"工具 ，按住<Shift>键的同时，在页面中绘制两个圆。选择"选择"工具 ，按住<Shift>键的同时，将两个圆形同时选取，如图 3-151 所示。单击"路径查找器"面板中的"减去"按钮 ，效果如图 3-152 所示。使用相同的方法制作其余两个同心圆图形，效果如图 3-153 所示。

图 3-151　　　　　　　　　　　　　　图 3-152

图 3-153

（10）选择"选择"工具 ，用圈选的方法将所绘制的图形同时选取，如图 3-154 所示。设置填充色为黑色，并设置描边色为无。在页面空白处单击，取消图形的选取状态，效果如图 3-155 所示。

（11）选择"文字"工具 **T**，在页面中拖曳一个文本框，输入需要的文字。将输入的文字选取，在"控制面板"中选择合适的字体并设置文字大小，效果如图 3-156 所示。在页面空白处单击，取消选取状态，卡通吊车绘制完成，效果如图 3-157 所示。

图 3-154　　　　　　图 3-155　　　　　　图 3-156　　　　　　图 3-157

3.2.2　复合形状

1. 相加

相加是将多个图形结合成一个图形，新的图形轮廓由被添加图形的边界组成，被添加图形的交叉线都将消失。

选择"选择"工具 **↖**，选取需要的图形对象，如图 3-158 所示。选择"窗口 > 对象和版面 > 路径查找器"命令，弹出"路径查找器"面板，单击"相加"按钮 **▣**，如图 3-159 所示，将两个图形相加，相加后图形对象的边框和颜色与最前方的图形对象相同，效果如图 3-160 所示。

图 3-158　　　　　　　　图 3-159　　　　　　　　图 3-160

选择"选择"工具 **↖**，选取需要的图形对象，选择"对象 > 路径查找器 > 添加"命令，也可以将两个图形相加。

2. 减去

减去是从最底层的对象中减去最顶层的对象，被剪后的对象保留其填充和描边属性。

选择"选择"工具 **↖**，选取需要的图形对象，如图 3-161 所示。选择"窗口 > 对象和版面 > 路径查找器"命令，弹出"路径查找器"面板，单击"减去"按钮 **▣**，如图 3-162 所示，将两个图形相减，相减后的对象保持底层对象的属性，效果如图 3-163 所示。

图 3-161　　　　　　　　　　图 3-162　　　　　　　　　　图 3-163

选择"选择"工具 ，选取需要的图形对象，选择"对象 > 路径查找器 > 减去"命令，也可以将两个图形相减。

3. 交叉

交叉是将两个或两个以上对象的相交部分保留，使相交的部分成为一个新的图形对象。

选择"选择"工具 ，选取需要的图形对象，如图 3-164 所示。选择"窗口 > 对象和版面 > 路径查找器"命令，弹出"路径查找器"面板，单击"交叉"按钮 ，如图 3-165 所示，将两个图形交叉，相交后的对象保持顶层对象的属性，效果如图 3-166 所示。

图 3-164　　　　　　　　　　图 3-165　　　　　　　　　　图 3-166

选择"选择"工具 ，选取需要的图形对象，选择"对象 > 路径查找器 > 交叉"命令，也可以将两个图形相交。

4. 排除重叠

排除重叠是减去前后图形的重叠部分，将不重叠的部分创建图形。

选择"选择"工具 ，选取需要的图形对象，如图 3-167 所示。选择"窗口 > 对象和版面 > 路径查找器"命令，弹出"路径查找器"面板，单击"排除重叠"按钮 ，如图 3-168 所示，将两个图形重叠的部分减去，生成的新对象保持最前方图形对象的属性，效果如图 3-169 所示。

图 3-167　　　　　　　　　　图 3-168　　　　　　　　　　图 3-169

选择"选择"工具 ，选取需要的图形对象，选择"对象 > 路径查找器 > 排除重叠"命令，将两个图形重叠的部分减去。

5．减去后方对象

减去后方对象是减去后面图形，并减去前后图形的重叠部分，保留前面图形的剩余部分。

选择"选择"工具 ，选取需要的图形对象，如图 3-170 所示。选择"窗口 > 对象和版面 > 路径查找器"命令，弹出"路径查找器"面板，单击"减去后方对象"按钮 ，如图 3-171 所示，将后方的图形对象减去，生成的新对象保持最前方图形对象的属性，效果如图 3-172 所示。

图 3-170   图 3-171   图 3-172

选择"选择"工具 ，选取需要的图形对象，选择"对象 > 路径查找器 > 减去后方对象"命令，将后方的图形对象减去。

3.3   课堂练习——绘制汽水瓶盖

【练习知识要点】使用钢笔工具和复制命令绘制瓶盖外形和阴影效果，使用钢笔工具绘制瓶盖上其他图形，使用文字工具添加文字效果，如图 3-173 所示。

【效果所在位置】光盘/Ch03/效果/绘制汽水瓶盖.indd。

图 3-173

3.4   课后习题——绘制风景插画

【习题知识要点】使用椭圆工具绘制太阳，使用钢笔工具绘制云、树、山和草地效果，使用椭圆工具、矩形工具和减去命令制作桥洞效果，使用渐变色板工具制作蓝天效果，如图 3-174 所示。

【效果所在位置】光盘/Ch03/效果/绘制风景插画.indd。

图 3-174

第4章

编辑描边与填充

本章详细讲解 InDesign CS5 中编辑图形描边和填充图形颜色的方法，并对"效果"面板进行重点介绍。通过学习本章的内容，读者可以制作出不同的图形描边和填充效果，还可以根据设计制作需要添加混合模式和特殊效果。

课堂学习目标

- 编辑填充与描边
- "效果"面板

4.1 编辑填充与描边

在 InDesign CS5 中，提供了丰富的描边和填充设置，可以制作出精美的效果。下面，具体介绍编辑图形填充与描边的方法和技巧。

4.1.1 课堂案例——绘制标志

【案例学习目标】学习使用渐变色板为图形填充渐变色。

【案例知识要点】使用文字工具、创建轮廓命令和渐变面板制作文字效果，使用椭圆工具、钢笔工具和渐变面板绘制篮球图形，使用矩形工具、多边形工具和复制命令绘制装饰图形效果，如图 4-1 所示。

【效果所在位置】光盘/Ch04/效果/绘制标志.indd。

图 4-1

1．制作渐变文字

（1）选择"文件 > 新建 > 文档"命令，弹出"新建文档"对话框，如图 4-2 所示。单击"边距和分栏"按钮，弹出"新建边距和分栏"对话框，选项设置如图 4-3 所示，单击"确定"按钮，新建一个页面。选择"视图 > 其他 > 隐藏框架边缘"命令，将所绘制图形的框架边缘隐藏。

图 4-2

图 4-3

（2）选择"文字"工具 T，在页面中拖曳一个文本框，输入需要的文字。选取输入的文字，在"控制面板"中选择合适的字体并设置文本大小，效果如图 4-4 所示。选择"窗口 > 文字和表 > 字符"命令，弹出"字符"面板，将"垂直缩放" IT 选项设置为 160%，将"水平缩放" T 选项设置为 120%，将"字符间距" AV 选项设置为－50，如图 4-5 所示，按<Enter>键，文字变形效果如图 4-6 所示。

图 4-4 图 4-5 图 4-6

（3）选择"选择"工具 ，选取刚刚输入的文字，如图 4-7 所示。选择"文字 > 创建轮廓"命令，将文字转换为图形，如图 4-8 所示。

图 4-7 图 4-8

（4）保持图形的选取状态。双击"渐变色板"工具 ，弹出"渐变"面板，在"类型"选项的下拉列表中选择"线性"，在色带上选中左侧的渐变色标，设置 CMYK 的值为 0、100、100、0，选中右侧的渐变色标，设置 CMYK 的值为 0、100、100、40，其他选项的设置如图 4-9 所示，填充渐变色，并设置描边色为无，效果如图 4-10 所示。

图 4-9 图 4-10

2．绘制篮球图形

（1）选择"椭圆"工具 ，按住<Shift>键的同时，在适当的位置绘制圆形，如图 4-11 所示。选择"选择"工具 ，在"控制面板"中，将"描边粗细" 选项设置为 2 点，按<Enter>键，并设置图形的描边色为白色，效果如图 4-12 所示。

图 4-11   图 4-12

（2）保持图形的选取状态。双击"渐变色板"工具 ▓，弹出"渐变"面板，在"类型"选项的下拉列表中选择"径向"，在色带上选中左侧的渐变色标，设置 CMYK 的值为 90、10、0、0，选中右侧的渐变色标，设置 CMYK 的值为 90、63、3、0，其他选项的设置如图 4-13 所示，填充渐变色，效果如图 4-14 所示。

图 4-13   图 4-14

（3）选择"钢笔"工具 ✐，在页面中分别绘制两条路径，如图 4-15 所示。选择"选择"工具 ▶，在"控制面板"中，将"描边粗细" ⟦0.283⟧ 选项设置为 2 点，按<Enter>键。并设置路径的描边色为白色，效果如图 4-16 所示。使用相同的方法绘制其余路径，效果如图 4-17 所示。

图 4-15   图 4-16   图 4-17

3. 绘制其他装饰图形

（1）选择"钢笔"工具 ✐，在页面中绘制闭合路径，如图 4-18 所示。设置图形的填充色为白色，并设置描边色为无，效果如图 4-19 所示。连续按<Ctrl>+<[>组合键，按需要将图形后移到需要的位置，如图 4-20 所示。

图 4-18   图 4-19

图 4-20

（2）选择"矩形"工具，在页面中拖曳鼠标绘制矩形，如图 4-21 所示。设置填充色的 CMYK 值为 100、60、5、0，填充图形，并设置描边色为无，效果如图 4-22 所示。

图 4-21   图 4-22

（3）双击"多边形"工具，弹出"多边形设置"对话框，选项的设置如图 4-23 所示，单击"确定"按钮，在页面中拖曳鼠标绘制星形，如图 4-24 所示。设置图形的填充色为白色，并设置描边色为无，效果如图 4-25 所示。

图 4-23   图 4-24

图 4-25

（4）选择"选择"工具，按住<Shift>+<Alt>组合键的同时，水平向右拖曳图形到适当的位置，复制图形，如图 4-26 所示。连续按<Ctrl>+<Alt>+<4>组合键，按需要复制出多个星形，效果如图 4-27 所示。

图 4-26   图 4-27

（5）选择"多边形"工具 ，在页面中拖曳鼠标绘制图形，如图 4-28 所示。选择"选择"工具 ，在"控制面板"中将"描边粗细" 选项设置为 2 点，按<Enter>键。设置填充色的 CMYK 值为 100、60、5、0，填充图形，并设置描边色为白色，效果如图 4-29 所示。

图 4-28　　　　　　　　　　　　　　　图 4-29

（6）保持图形的选取状态。按住<Shift>+<Alt>组合键的同时，水平向右拖曳图形到适当的位置，复制图形，如图 4-30 所示。在页面空白处单击，取消图形的选取状态，标志绘制完成，效果如图 4-31 所示。

图 4-30　　　　　　　　　　　　　　　图 4-31

4.1.2　编辑描边

描边是指一个图形对象的边缘或路径。在系统默认的状态下，InDesign CS5 中绘制出的图形基本上已画出了细细的黑色描边。通过调整描边的宽度，可以绘制出不同宽度的描边线，如图 4-32 所示。还可以将描边设置为无。

应用工具面板下方的"描边"按钮，如图 4-33 所示，可以指定所选对象的描边颜色。当单击按钮 或按<X>键时，可以切换填充显示框和描边显示框的位置。

——描边

图 4-32　　　　　　　　　　　　　　　图 4-33

在工具面板下方有 3 个按钮，分别是"应用颜色"按钮 、"应用渐变"按钮 和"应用无"按钮 。

1. 设置描边的粗细

选择"选择"工具 ，选取需要的图形，如图 4-34 所示。在"控制面板"中的"描边粗细"

选项 文本框中输入需要的数值，如图 4-35 所示，按<Enter>键，确认操作，效果如图 4-36 所示。

图 4-34　　　　　　　图 4-35　　　　　　　图 4-36

选择"选择"工具，选取需要的图形，如图 4-37 所示。选择"窗口 > 描边"命令或按<F10>键，弹出"描边"面板，在"粗细"选项文本框下拉列表中选择需要的笔画宽度值，或者直接输入合适的数值。本例宽度数值设置为 5 点，如图 4-38 所示，图形的笔画宽度被改变，效果如图 4-39 所示。

图 4-37　　　　　　　图 4-38　　　　　　　图 4-39

2. 设置描边的填充

保持图形被选取的状态，如图 4-40 所示。选择"窗口 > 颜色 > 色板"命令，弹出"色板"面板，单击"描边"按钮，如图 4-41 所示，单击面板右上方的图标，在弹出的菜单中选择"新建颜色色板"命令，弹出"新建颜色色板"对话框，设置如图 4-42 所示，单击"确定"按钮，对象笔画的填充效果如图 4-43 所示。

图 4-40　　　　　　图 4-41　　　　　　　图 4-42　　　　　　图 4-43

保持图形被选取的状态，如图 4-44 所示。选择"窗口 > 颜色 > 颜色"命令，弹出"颜色"面板，设置如图 4-45 所示，或双击工具面板下方的"描边"按钮，弹出"拾色器"对话框，如图 4-46 所示。在对话框中可以调配所需的颜色，单击"确定"按钮，对象笔画的颜色填充效果如图 4-47 所示。

| 图 4-44 | 图 4-45 | 图 4-46 | 图 4-47 |

保持图形被选取的状态，如图 4-48 所示。选择"窗口 > 颜色 >渐变"命令，在弹出的"渐变"面板中调配所需的渐变色，如图 4-49 所示，图形的描边渐变效果如图 4-50 所示。

| 图 4-48 | 图 4-49 | 图 4-50 |

3. 使用描边面板

选择"窗口 > 描边"命令，或按<F10>键，弹出"描边"面板，如图 4-51 所示。"描边"面板主要用来设置对象笔画的属性，如粗细、形状等。

⊙ 设置"斜接限制"选项

在"描边"面板中，"斜接限制"选项可以设置笔画沿路径改变方向时的伸展长度。可以在其下拉列表中选择所需的数值，也可以在数值框中直接输入合适的数值，分别将"斜接限制"选项设置为"2"和"20"时的对象笔画效果如图 4-52、图 4-53 所示。

| 图 4-51 | 图 4-52 | 图 4-53 |

⊙ 设置"末端"和"结合"选项

在"描边"面板中，末端是指一段笔画的首端和尾端，可以为笔画的首端和尾端选择不同的顶点样式来改变笔画末端的形状。使用"钢笔"工具 ✿ 绘制一段笔画，单击"描边"面板中的 3 个不同顶点样式的按钮 ⬜⬜⬜，选定的顶点样式会应用到选定的笔画中，如图 4-54 所示。

| 平头端点 | 圆头端点 | 投射末端 |

图 4-54

结合是指一段笔画的拐点，结合样式就是指笔画拐角处的形状。该选项有斜接连接、圆角连接和斜面连接 3 种不同的转角结合样式。绘制多边形的笔画，单击"描边"面板中的 3 个不同转角结合样式按钮 ，选定的转角结合样式会应用到选定的笔画中，如图 4-55 所示。

斜接连接　　　　　　　　圆角连接　　　　　　　　斜面连接

图 4-55

⊙　设置"对齐描边"选项

在"描边"面板中，对齐描边是指在路径的内部、中间、外部设置描边，包括有"描边对齐中心" 、"描边居内" 和"描边居外" 3 种样式。选定这 3 种样式应用到选定的笔画中，如图 4-56 所示。

描边对齐中心　　　　　　描边居内　　　　　　　　描边居外

图 4-56

⊙　设置"类型"、"起点"、"终点"选项

在"描边"面板中，在"类型"选项的下拉菜单中可以选择不同的描边类型，如图 4-57 所示。在"起点"和"终点"选项的下拉菜单中可以选择线段的首端和尾端的形状样式，如图 4-58 所示。

起点　　　　　　　　　　　　　　　　　　　　　　　终点

图 4-57　　　　　　　　　　　　　　　　　　　　图 4-58

⊙ 设置"间隙颜色"和"间隙色调"选项

在"描边"面板中，间隙颜色是设置除实线外的其他线段类型的间隙之间的颜色，如图 4-59 所示，间隙颜色的多少由"色板"面板中的颜色决定。间隙色调是设置所填充间隙颜色的饱和度，如图 4-60 所示。

图 4-59   图 4-60

⊙ 设置"虚线"选项

在"描边"面板中，在"类型"选项下拉菜单中选择"虚线"，"描边"面板下方会自动弹出虚线选项，可以创建描边的虚线效果。虚线选项中包括 6 个文本框，第 1 个文本框默认的虚线值为"1 点"，如图 4-61 所示。

"虚线"选项用来设置每一虚线段的长度。数值框中输入的数值越大，虚线的长度就越长；反之，输入的数值越小，虚线的长度就越短。

"间隔"选项用来设置虚线段之间的距离。输入的数值越大，虚线段之间的距离越大；反之，输入的数值越小，虚线段之间的距离就越小。

"角点"选项用来设置虚线中拐点的调整方法。其中包括无、调整线段、调整间隙、调整线段和间隙 4 种调整方法。

图 4-61

4.1.3 标准填充

应用工具面板中的"填色"按钮，如图 4-62 所示。可以指定所选对象的填充颜色。

填充

1. 使用工具面板填充

图 4-62

选择"选择"工具 ，选取需要填充的图形，如图 4-63 所示。双击工具面板下方的"填充"按钮，弹出"拾色器"对话框，调配所需的颜色，如图 4-64 所示，单击"确定"按钮，取消图形的描边色，对象的颜色填充效果如图 4-65 所示。

图 4-63   图 4-64   图 4-65

在"填充"按钮上按住鼠标左键将颜色拖曳到需要填充的路径或图形上，也可填充图形。

2．使用"颜色"面板填充

InDesign CS5 也可以通过"颜色"面板设置对象的填充颜色，单击"颜色"面板右上方的图标，在弹出的菜单中选择当前取色时使用的颜色模式。无论选择哪一种颜色模式，面板中都将显示出相关的颜色内容，如图 4-66 所示。

图 4-66

选择"窗口 > 颜色 >颜色"命令，弹出"颜色"面板。"颜色"面板上的按钮用来进行填充颜色和描边颜色之间的互相切换，操作方法与工具面板中的按钮的使用方法相同。

将光标移动到取色区域，光标变为吸管形状，单击可以选取颜色，如图 4-67 所示。拖曳各个颜色滑块或在各个数值框中输入有效的数值，可以调配出更精确的颜色。

更改或设置对象的颜色时，单击选取已有的对象，在"颜色"面板中调配出新颜色，如图 4-68 所示，新选的颜色被应用到当前选定的对象中，如图 4-69 所示。

图 4-67　　　　　　　　图 4-68　　　　　　　　图 4-69

3．使用"色板"面板填充

选择"窗口 > 颜色 >色板"命令，弹出"色板"面板，如图 4-70 所示，在"色板"面板中单击需要的颜色，可以将其选中并填充选取的图形。

选择"选择"工具，选取需要填充的图形，如图 4-71 所示。选择"窗口 > 颜色 >色板"命令，弹出"色板"面板，单击面板右上方的图标，在弹出的菜单中选择"新建颜色色板"命令，弹出"新建颜色色板"对话框，设置如图 4-72 所示，单击"确定"按钮，对象的填充效果如图 4-73 所示。

图 4-70　　　　　　图 4-71　　　　　　　　图 4-72　　　　　　　　图 4-73

在"色板"面板中单击并拖曳需要的颜色到要填充的路径或图形上，松开鼠标，也可以填充图形或描边。

4.1.4　渐变填充

1. 创建渐变填充

选取需要的图形，如图 4-74 所示。选择"渐变色板"工具，在图形中需要的位置单击设置渐变的起点并按住鼠标左键拖动，再次单击确定渐变的终点，如图 4-75 所示，松开鼠标，渐变填充的效果如图 4-76 所示。

图 4-74　　　　　　　图 4-75　　　　　　　图 4-76

选取需要的图形，如图 4-77 所示。选择"渐变羽化"工具，在图形中需要的位置单击设置渐变的起点并按住鼠标左键拖曳，再次单击确定渐变的终点，如图 4-78 所示，渐变羽化的效果如图 4-79 所示。

图 4-77　　　　　　　图 4-78　　　　　　　图 4-79

2. "渐变"面板

在"渐变"面板中可以设置渐变参数，可选择"线性"渐变或"径向"渐变，设置渐变的起始、中间和终止颜色，还可以设置渐变的位置和角度。

选择"窗口 > 颜色 > 渐变"命令，弹出"渐变"面板，如图 4-80 所示。从"类型"选项的下拉列表中可以选择"线性"或"径向"渐变方式，如图 4-81 所示。

图 4-80　　　　　　　　　　　图 4-81

在"角度"选项的文本框中显示当前的渐变角度，如图 4-82 所示。重新输入数值，如图 4-83 所示，按<Enter>键，可以改变渐变的角度，效果如图 4-84 所示。

图 4-82　　　　　　　图 4-83　　　　　　　图 4-84

单击"渐变"面板下面的颜色滑块，在"位置"选项的文本框中显示出该滑块在渐变颜色中的颜色位置百分比，如图 4-85 所示，拖曳该滑块，改变该颜色的位置，将改变颜色的渐变梯度，如图 4-86 所示。

图 4-85　　　　　　　　　　图 4-86

单击"渐变"面板中的"反向渐变"按钮，可将色谱条中的渐变反转，如图 4-87 所示。

原面板　　　　　　　　　　　反向后的面板

图 4-87

在渐变色谱条底边单击，可以添加一个颜色滑块，如图 4-88 所示，在"颜色"面板中调配颜色，如图 4-89 所示，可以改变添加滑块的颜色，如图 4-90 所示。用鼠标按住颜色滑块不放并将其拖出到"渐变"面板外，可以直接删除颜色滑块。

图 4-88　　　　　　　　图 4-89　　　　　　　图 4-90

3．渐变填充的样式

⊙　线性渐变填充

选择需要的图形，如图 4-91 所示。双击"渐变色板"工具■或选择"窗口 > 颜色 > 渐变"

命令，弹出"渐变"面板。在"渐变"面板的色谱条中，显示程序默认的白色到黑色的线性渐变样式，如图 4-92 所示。在"渐变"面板"类型"选项的下拉列表中选择"线性"渐变，如图 4-93 所示，图形将被线性渐变填充，效果如图 4-94 所示。

图 4-91　　　　　　　图 4-92　　　　　　　图 4-93　　　　　　　图 4-94

单击"渐变"面板中的起始颜色滑块，如图 4-95 所示，然后在"颜色"面板中调配所需的颜色，设置渐变的起始颜色。再单击终止颜色滑块，如图 4-96 所示，设置渐变的终止颜色，如图 4-97 所示，图形的线性渐变填充效果如图 4-98 所示。

图 4-95　　　　　　　图 4-96　　　　　　　图 4-97　　　　　　　图 4-98

拖曳色谱条上边的控制滑块，可以改变颜色的渐变位置，如图 4-99 所示。"位置"选项的文本框中的数值也会随之发生变化，设置"位置"选项的文本框中的数值也可以改变颜色的渐变位置，图形的线性渐变填充效果也将改变，如图 4-100 所示。

图 4-99　　　　　　　　　　图 4-100

如果要改变颜色渐变的方向，可选择"渐变色板"工具直接在图形中拖曳即可。当需要精确地改变渐变方向时，可通过"渐变"面板中的"角度"选项来控制图形的渐变方向。

⊙　径向渐变填充

选择绘制好的图形，如图 4-101 所示。双击"渐变色板"工具或选择"窗口 > 颜色 > 渐变"命令，弹出"渐变"面板。在"渐变"面板的色谱条中，显示程序默认的白色到黑色的线性渐变样式，如图 4-102 所示。在"渐变"面板的"类型"选项的下拉列表中选择"径向"渐变类型，如图 4-103 所示，图形将被径向渐变填充，效果如图 4-104 所示。

图 4-101　　　　　图 4-102　　　　　　　图 4-103　　　　　图 4-104

　　单击"渐变"面板中的起始颜色滑块🔲或终止颜色滑块🔲，然后在"颜色"面板中调配颜色，可改变图形的渐变颜色，效果如图 4-105 所示。拖曳色谱条上边的控制滑块，可以改变颜色的中心渐变位置，效果如图 4-106 所示。使用"渐变色板"工具🔲拖曳，可改变径向渐变的中心位置，效果如图 4-107 所示。

图 4-105　　　　　　图 4-106　　　　　　图 4-107

4.1.5　"色板"面板

　　选择"窗口 > 颜色 > 色板"命令，弹出"色板"面板，如图 4-108 所示。"色板"面板提供了多种颜色，并且允许添加和存储自定义的色板。单击"显示全部色板"按钮🔲可以使所有的色板显示出来；"显示颜色色板"按钮🔲仅显示颜色色板；"显示渐变色板"按钮🔲仅显示渐变色板；"新建色板"按钮🔲用于定义和新建一个新的色板；"删除色板"按钮🔲可以将选定的色板从"色板"面板中删除。

图 4-108

1．添加色板

⊙　通过色板调板添加色板

选择"窗口 > 颜色 > 色板"命令，弹出"色板"面板，单击面板右上方的图标，在弹出的菜单中选择"新建颜色色板"命令，弹出"新建颜色色板"对话框，如图 4-109 所示。

图 4-109

在"颜色类型"选项中选择新建的颜色是印刷色还是原色。"颜色模式"选项用来定义颜色的模式。拖曳滑尺来改变色值，也可以在滑尺旁的文本框中直接输入数字，如图 4-110 所示。勾选"以颜色值命名"选项，添加的色板将以改变的色值命名；若不勾选，可直接在"色板名称"选项中输入新色板的名称，如图 4-111 所示。单击"添加"按钮，可以添加色板并定义另一个色板，定义完成后，单击"确定"按钮即可。选定的颜色会出现在"色板"面板及工具面板的填充框或描边框中。

图 4-110

图 4-111

选择"窗口 > 颜色 > 色板"命令，弹出"色板"面板，单击面板右上方的图标 ，在弹出的菜单中选择"新建渐变色板"命令，弹出"新建渐变色板"对话框，如图 4-112 所示。

图 4-112

在"渐变曲线"的色谱条上单击终止颜色滑块 或起始颜色滑块 ，然后拖曳滑尺或在滑尺旁的文本框中直接输入数字改变颜色，即可改变渐变颜色，如图 4-113 所示。单击色谱条也可以添加颜色滑块，设置颜色，如图 4-114 所示。在"色板名称"选项中输入新色板的名称。单击"添加"按钮，可以添加色板并定义另一个色板，定义完成后，单击"确定"按钮即可。选定的渐变会出现在色板面板以及工具面板的填充框或笔画框中。

图 4-113　　　　　　　　　　　　　　　　图 4-114

⊙　通过颜色调板添加色板

选择"窗口 > 颜色 > 颜色"命令，弹出"颜色"面板，拖曳各个颜色滑块或在各个数值框中输入需要的数值，如图 4-115 所示，单击面板右上方的图标，在弹出的菜单中选择"添加到色板"命令，如图 4-116 所示，在"色板"面板中将自动生成新的色板，如图 4-117 所示。

图 4-115　　　　　　　图 4-116　　　　　　　图 4-117

2．复制色板

选取一个色板，如图 4-118 所示，单击面板右上方的图标，在弹出的菜单中选择"复制色板"命令，"色板"面板中将生成色板的副本，如图 4-119 所示。

图 4-118　　　　　　　图 4-119

选取一个色板，单击面板下方"新建色板"按钮 ，或拖曳色板到"新建色板"按钮 上，均可复制色板。

3．编辑色板

在"色板"面板中选取一个色板，双击色板，可弹出"色板选项"对话框，在对话框中进行需要的设置，单击"确定"即可编辑色板。

单击面板右上方的图标 ，在弹出的菜单中选择"色板选项"命令也可以编辑色板。

4．删除色板

在"色板"面板中选取一个或多个色板，在"色板"面板下方单击"删除色板"按钮 或将色板直接拖曳到"删除色板"按钮 上，可删除色板。

单击面板右上方的图标 ，在弹出的菜单中选择"删除色板"命令也可以删除色板。

4.1.6　创建和更改色调

1．通过色板面板添加新的色调色板

在"色板"面板中选取一个色板，如图 4-120 所示，在"色板"面板上方拖曳滑尺或在百分比框中输入需要的数值，如图 4-121 所示，单击面板下方的"新建色板"按钮 ，在面板中生成以基准颜色的名称和色调的百分比为名称的色板，如图 4-122 所示。

图 4-120　　　　　　　　　图 4-121　　　　　　　　　图 4-122

在"色板"面板中选取一个色板，在"色板"面板上方拖曳滑尺到适当的位置，单击右上方的图标 ，在弹出的菜单中选择"新建色调色板"命令也可以添加新的色调色板。

2．通过颜色面板添加新的色调色板

在"色板"面板中选取一个色板，如图 4-123 所示，在"颜色"面板中拖曳滑尺或在百分比框中输入需要的数值，如图 4-124 所示。单击面板右上方的图标 ，在弹出的菜单中选择"添加到色板"命令，如图 4-125 所示，在"色板"面板中自动生成新的色调色板，如图 4-126 所示。

图 4-123　　　　　　　　　图 4-124

84

图 4-125　　　　　　　　　　　　　　　　图 4-126

4.1.7　在对象之间拷贝属性

使用吸管工具可以将一个图形对象的属性（如笔画、颜色和透明属性等）拷贝到另一个图形对象，可以快速、准确地编辑属性相同的图形对象。

原图形效果如图 4-127 所示。选择"选择"工具 ，选取需要的图形，选择"吸管"工具 ，将光标放在被复制属性的图形上，如图 4-128 所示，单击吸取图形的属性，选取的图形属性发生改变，效果如图 4-129 所示。

图 4-127　　　　　　　　　图 4-128　　　　　　　　　图 4-129

当使用"吸管"工具 吸取对象属性后，按住<Alt>键，吸管会转变方向并显示为空吸管，表示可以去吸新的属性，不松开<Alt>键，单击新的对象，如图 4-130 所示，吸取新对象的属性，松开鼠标和<Alt>键，效果如图 4-131 所示。

图 4-130　　　　　　　　图 4-131

4.2　"效果"面板

在 InDesign CS5 中，使用"效果"面板可以制作出多种不同的特殊效果。下面，具体介绍"效果"面板的使用方法和编辑技巧。

4.2.1 课堂案例——制作DM宣传单

【案例学习目标】学习使用绘制图形工具、文字工具和效果面板制作DM宣传单。

【案例知识要点】使用矩形工具、对齐面板和不透明度命令制作背景图形，使用椭圆工具、减去命令和文字工具制作标志图形，使用文字工具添加需要的文字，使用置入命令和效果面板制作图片效果，如图4-132所示。

图4-132

【效果所在位置】光盘/Ch04/效果/制作DM宣传单.indd。

1. 绘制背景图形

（1）选择"文件 > 新建 > 文档"命令，弹出"新建文档"对话框，如图4-133所示，单击"边距和分栏"按钮，弹出对话框，选项的设置如图4-134所示，单击"确定"按钮，新建一个页面。选择"视图 > 隐藏框架边缘"命令，将所绘制图形的框架边缘隐藏。

图4-133

图4-134

（2）选择"矩形"工具，在页面中单击鼠标左键，弹出"矩形"对话框，在对话框中进行设置，如图4-135所示，单击"确定"按钮，得到一个矩形。按<Shift> + <F7>组合键，弹出"对齐"面板，在"对齐基准"选项的下拉列表中选择"对齐页面"，如图4-136所示，单击"水平居中对齐"按钮和"垂直居中对齐"按钮，对齐效果如图4-137所示。

图4-135

图4-136

图4-137

（3）双击"渐变色板"工具，弹出"渐变"面板，在"类型"选项的下拉列表中选择"径向"，在色带上选中左侧的渐变色标，设置CMYK的值为60、0、100、0，选中右侧的渐变色标，设置CMYK的值为100、0、100、37，其他选项的设置如图4-138所示，在矩形上拖曳渐变，如图4-139所示，松开鼠标，填充渐变色，并设置描边色为无，效果如图4-140所示。

图 4-138　　　　　　　　图 4-139　　　　　　　　图 4-140

（4）选择"矩形"工具 ▣，在页面中绘制一个矩形。单击"对齐"面板中的"顶对齐"按钮 ▦ 和"左对齐"按钮 ▦，效果如图 4-141 所示。设置图形填充色的 CMYK 值为 20、0、100、0，填充图形，并设置描边色为无，效果如图 4-142 所示。在"控制面板"中将"不透明度" ▦ 100% ▸ 选项设置为 29%，按<Enter>键，效果如图 4-143 所示。

图 4-141　　　　　　　　图 4-142　　　　　　　　图 4-143

（5）使用相同的方法再绘制一个矩形，设置填充色的 CMYK 值为 30、0、100、0，填充图形，并设置描边色为无，效果如图 4-144 所示。在"控制面板"中将"不透明度" ▦ 100% ▸ 选项设置为 29%，按<Enter>键，效果如图 4-145 所示。

图 4-144　　　　　　　　图 4-145

（6）选择"矩形"工具 ▣，在页面中适当的位置绘制 3 个矩形，单击"对齐"面板中的"顶对齐"按钮 ▦，效果如图 4-146 所示。从左到右依次设置填充色的 CMYK 值为（70、0、100、0），（45、0、100、0），（30、0、100、0），填充图形，并设置描边色为无，效果如图 4-147 所示。选择"选择"工具 ▸，按住<Shift>键的同时，将 3 个矩形同时选取，在"控制面板"中将"不透明度" ▣ 100% ▶ 选项设置为 29%，按<Enter>键，效果如图 4-148 所示。

图 4-146   图 4-147   图 4-148

2．添加标志图形及文字

（1）选择"椭圆"工具 ◯，在页面中右上角绘制两个椭圆形。选择"选择"工具 ▶，按住
<Shift>键的同时，将两个椭圆同时选取，如图 4-149 所示。选择"窗口 > 对象和版面 > 路径查
找器"命令，弹出"路径查找器"面板，单击"减去"按钮 ▣，如图 4-150 所示，效果如图 4-151
所示。填充图形为白色，并设置描边色为无，效果如图 4-152 所示。

图 4-149   图 4-150   图 4-151   图 4-152

（2）保持图形选取状态，按住<Alt>键的同时，向右拖曳鼠标到适当的位置，复制图形，如图
4-153 所示。在"控制面板"中单击"水平翻转"按钮 ▣，水平翻转复制的图形，如图 4-154 所
示。使用"选择"工具 ▶，将其拖曳到适当的位置并调整其大小，效果如图 4-155 所示。

图 4-153   图 4-154   图 4-155

（3）选择"文字"工具 T，在页面中分别拖曳文本框，输入需要的文字。分别将输入的文字
选取，在"控制面板"中选择合适的字体并设置文字大小，取消文字的选取状态，效果如图 4-156
所示。选择"选择"工具 ▶，将文字同时选取，单击工具箱中的"格式针对文本"按钮 T，设置
填充色的 CMYK 值为 0、0、100、0，填充文字，效果如图 4-157 所示。

（4）选择"选择"工具 ▶，按住<Shift>键的同时，将文字和图形同时选取，如图 4-158 所示。
按<Ctrl>+<G>组合键，将其编组，效果如图 4-159 所示。

图 4-156   图 4-157   图 4-158   图 4-159

3．添加其他文字并置入素材

（1）选择"文字"工具 T，在页面中分别拖曳文本框，输入需要的文字。分别将输入的文字选取，在"控制面板"中选择合适的字体并设置文字大小，在页面空白处单击，取消文字的选取状态，效果如图 4-160 所示。使用"文字"工具 T，选取需要的文字，如图 4-161 所示，将"控制面板"中的"字符间距" 选项设置为 75，按<Enter>键，取消文字的选取状态，效果如图 4-162 所示

图 4-160

图 4-161

图 4-162

（2）选择"选择"工具 ，按住<Shift>键的同时，选取需要的文字。单击工具箱中的"格式针对文本"按钮 T，设置文字填充色为白色，效果如图 4-163 所示。使用"选择"工具 ，再次选中"时尚元素"文字，在"颜色"面板中，设置填充色的 CMYK 值为 100、23、70、0，填充文本框，效果如图 4-164 所示。使用相同的方法设置其余文字填充色的 CMYK 值为 0、0、100、0，填充文字，效果如图 4-165 所示。

图 4-163

图 4-164

图 4-165

（3）选择"文字"工具 T，在页面中分别拖曳文本框，输入需要的文字。分别将输入的文字选取，在"控制面板"中选择合适的字体并设置文字大小，取消文字的选取状态，效果如图 4-166 所示。选择"选择"工具 ，按住<Shift>键的同时，选取需要的文字。单击工具箱中的"格式针对文本"按钮 T，设置填充色的 CMYK 值为 0、0、100、0，填充文字，效果如图 4-167 所示。

使用相同的方法设置其余文字的填充色为白色，效果如图 4-168 所示。

图 4-166   图 4-167   图 4-168

（4）选择"文件 > 置入"命令，弹出"置入"对话框，选择光盘中的"Ch04 > 素 材 > 制作 DM 宣传单 > 01"文件，单击"打开"按钮，在页面中单击置入图片。选择"选择"工具 ，将其拖曳到适当的位置并调整其大小，效果如图 4-169 所示。

（5）保持图形的选取状态。选择"窗口 > 效果"命令，弹出"效果"面板，将混合模式选项设置为"强光"，如图 4-170 所示，效果如图 4-171 所示。在页面空白处单击，取消图片的选取状态，DM 宣传单制作完成，效果如图 4-172 所示。

图 4-169   图 4-170   图 4-171   图 4-172

4.2.2　透明度

选择"选择"工具 ，选取需要的图形对象，如图 4-173 所示。选择"窗口 > 效果"命令或按<Ctrl>+<Shift>+<F10>组合键，弹出"效果"面板，在"不透明度"选项中拖曳滑尺或在百分比框中输入需要的数值，"对象：正常"选项的百分比自动显示为设置的数值，如图 4-174 所示，对象的不透明度效果如图 4-175 所示。

图 4-173   图 4-174   图 4-175

单击"描边：正常 100%"选项，在"不透明度"选项中拖曳滑尺或在百分比框中输入需要的数值，"描边：正常"选项的百分比自动显示为设置的数值，如图 4-176 所示，对象描边的不透明度效果如图 4-177 所示。

图 4-176

图 4-177

单击"填充：正常 100%"选项，在"不透明度"选项中拖曳滑尺或在百分比框中输入需要的数值，"填充：正常"选项的百分比自动显示为设置的数值，如图 4-178 所示，对象填充的不透明度效果如图 4-179 所示。

图 4-178

图 4-179

4.2.3 混合模式

使用混合模式选项可以在两个重叠对象间混合颜色，更改上层对象与底层对象间颜色的混合方式。在混合模式下拉列表中选择需要的命令，如图 4-180 所示。为对象使用不同的混合模式效果，如图 4-181 所示。

正常

正片叠底

滤色

叠加

图 4-180

图 4-181

柔光	强光	颜色减淡	颜色加深
变暗	变亮	差值	排除
色相	饱和度	颜色	亮度

图 4-181（续）

4.2.4 特殊效果

特殊效果用于向选定的目标添加特殊的对象效果，使图形对象产生变化。单击"效果"面板下方的"向选定的目标添加对象效果"按钮 fx.，在弹出的菜单中选择需要的命令，如图 4-182 所示。为对象添加不同的效果，如图 4-183 所示。

图 4-182

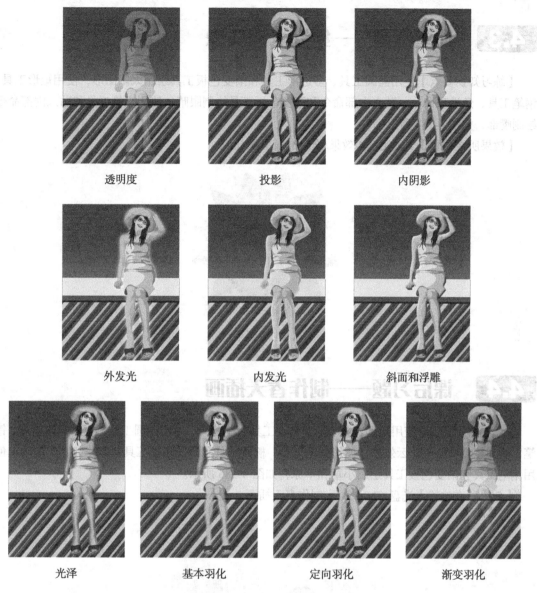

透明度　　　　　　　　　投影　　　　　　　　　　内阴影

外发光　　　　　　　　　内发光　　　　　　　　斜面和浮雕

光泽　　　　　　　基本羽化　　　　　　定向羽化　　　　　　渐变羽化

图 4-183

4.2.5　清除效果

选取应用效果的图形，在"效果"面板中单击"清除所有效果并使对象变为不透明"按钮 ，
清除对象应用的效果。

选择"对象 > 效果"命令或单击"效果"面板右上方的图标 ，在弹出的菜单中选择"清
除效果"命令，可以清除图形对象的特殊效果；单击"清除全部透明度"命令，可以清除图形对
象应用的所有效果。

4.3 课堂练习——绘制卡通头像

【练习知识要点】使用椭圆工具、多边形工具和渐变色板工具绘制太阳图形，使用矩形工具、钢笔工具、角选项命令、贴入内部命令和渐变色板工具绘制眼睛，使用钢笔工具和贴入内部命令绘制嘴部，如图 4-184 所示。

【效果所在位置】光盘/Ch04/效果/绘制卡通头像.indd。

图 4-184

4.4 课后习题——制作春天插画

【习题知识要点】使用矩形工具、渐变色板工具绘制蓝天，使用椭圆工具、矩形椭圆工具、钢笔工具和相加命令制作云效果，使用钢笔工具、椭圆工具和渐变色板工具制作花和叶子图形，使用钢笔工具和渐变色板工具绘制小草和草原，如图 4-185 所示。

【效果所在位置】光盘/Ch04/效果/制作春天插画.indd。

图 4-185

第5章

编辑文本

InDesign CS5 具有强大的编辑和处理文本功能。通过学习本章的内容，读者可以了解并掌握应用 InDesign CS5 处理文本的方法和技巧，为在排版工作中快速处理文本打下良好的基础。

课堂学习目标

- 编辑文本及文本框
- 文本效果

5.1　编辑文本及文本框

在 InDesign CS5 中，所有的文本都位于文本框内，通过编辑文本及文本框可以快捷地进行排版操作。下面，具体介绍编辑文本及文本框的方法和技巧。

5.1.1　课堂案例——制作茶叶宣传册封面

【案例学习目标】学习使用直排文字工具和使框架适合内容命令制作茶叶宣传册封面。

【案例知识要点】使用直排文字工具创建文本框并输入需要的文字，使用使框架适合内容命令调整文字的文本框为合适的大小，使用置入命令、不透明度命令和效果面板制作图片效果，如图 5-1 所示。

【效果所在位置】光盘/Ch05/效果/制作茶叶书籍封面.indd。

图 5-1

1. 制作宣传册背景效果

（1）选择"文件 > 新建 > 文档"命令，弹出"新建文档"对话框，单击"页面方向"右侧的"横向"按钮，如图 5-2 所示，单击"边距和分栏"按钮，弹出如图 5-3 所示的对话框，单击"确定"按钮，新建一个页面。选择"视图 > 其他 > 隐藏框架边缘"命令，将所绘制图形的框架边缘隐藏。

图 5-2

图 5-3

（2）选择"矩形"工具，在页面中适当的位置绘制一个矩形，如图 5-4 所示。设置填充色的 CMYK 值为 14、23、23、0，填充图形，并设置描边色为无，效果如图 5-5 所示。按<Ctrl>+<C>组合键，将其复制。选择"编辑 > 原位粘贴"命令，将图形原位粘贴。选择"选择"工具，拖曳中间的控制手柄到适当的位置，调整图形的大小，效果如图 5-6 所示。

图 5-4

图 5-5

图 5-6

（3）保持图形的选取状态，设置填充色的 CMYK 值为 16、23、23、60，填充图形，效果如图 5-7 所示。按住<Shift>+<Alt>组合键的同时，垂直向下拖曳图形到适当的位置，复制图形，如图 5-8 所示。设置填充色的 CMYK 值为 16、23、23、52，填充图形，效果如图 5-9 所示。

图 5-7　　　　　　　　　　　　　图 5-8　　　　　　　　　　　　　图 5-9

（4）按<Ctrl>+<D>组合键，弹出"置入"对话框，选择光盘中的"Ch05 > 素材 > 制作茶叶宣传册封面 > 01"文件，单击"打开"按钮，在页面空白处单击鼠标左键置入图片。选择"选择"工具，将图片拖曳到适当的位置，效果如图 5-10 所示。

（5）保持图片的选取状态。选择"窗口 > 效果"命令，弹出"效果"面板，将混合模式选项设置为"颜色加深"，将"不透明度"选项设置为 70%，如图 5-11 所示，效果如图 5-12 所示。按<Ctrl>+<[>组合键，将图片后移一层，效果如图 5-13 所示。

图 5-10　　　　　　　　　　　　　　　　　　　图 5-11

图 5-12　　　　　　　　　　　　　　　　　图 5-13

2．添加装饰图形和文字

（1）选择"选择"工具，单击页面左侧的标尺，按住鼠标左键不放，向右拖曳出一条垂直的辅助线，在"控制面板"中将"X 位置"选项设置为 148.6 毫米，如图 5-14 所示，在页面空白处单击鼠标，页面效果如图 5-15 所示。

（3）保持图形选取状态，设置填充色的 CMYK 值为16、22、25、60，填充图形，效果如图 5-7 所示。按住<Shift>+<Alt>组合键的同时，垂直向下拖曳图形到适当的位置，复制图形，如图 5-8 所示。设置填充色的 CMYK 值为16、23、52，填充图形，效果如图 5-9 所示。

图 5-14　　　　　　　　　　　　　　　　图 5-15

（2）选择"矩形"工具 ▣，在页面中的右上方拖曳鼠标绘制矩形，设置填充色的 CMYK 值为 10、0、0、90，填充图形，并设置描边色为无，效果如图 5-16 所示。

（3）选择"直线"工具 ╲，按住<Shift>键的同时，在适当的位置拖曳鼠标绘制直线。选择"选择"工具 ▶，在"控制面板"中将"描边粗细" ▣ 0.283 ▾ 选项设置为 0.7 点，按<Enter>键。设置描边色的 CMYK 值为 0、100、100、20，填充描边，效果如图 5-17 所示。

图 5-16　　　　　　　　　　　图 5-17

（4）选择"钢笔"工具 ◊，在适当的位置绘制三角形。设置填充色的 CMYK 值为 0、0、15、10，填充图形，并设置描边色为无，效果如图 5-18 所示。选择"选择"工具 ▶，按住<Shift>键的同时，将直线和三角形同时选取，按<Ctrl>+<G>组合键，将其编组。按<Ctrl>+<C>组合键，复制编组图形，在页面空白处单击鼠标左键，在弹出的菜单中选择"原位粘贴"命令，将编组图形原位粘贴，并单击"控制面板"中的"垂直翻转"按钮 ▧，垂直翻转编组图形，如图 5-19 所示。按住<Shift>键的同时，垂直向下拖曳复制图形到适当的位置，效果如图 5-20 所示。

图 5-18　　　　　　　　图 5-19　　　　　　　　图 5-20

（5）选择"直排文字"工具 T，在页面中拖曳一个文本框，输入需要的文字。将输入的文字选取，在"控制面板"中选择合适的字体并设置文字大小，效果如图 5-21 所示。在"控制面板"

中将"垂直缩放"选项设置为 150%，按<Enter>键，效果如图 5-22 所示。选择"选择"工具 ，
单击工具箱下方的"格式针对文本"按钮 ，设置填充色的 CMYK 值为 0、40、60、0，填充文
字，效果如图 5-23 所示。

（6）保持文字的选取状态，选择"对象 ＞ 适合 ＞ 使框架适合内容"命令，使文本框适合文
字，效果如图 5-24 所示。使用相同的方法输入需要的文字，并设置填充色的 CMYK 值为 80、60、
80、25，填充文字，效果如图 5-25 所示。

图 5-21　　　　图 5-22　　　　图 5-23　　　　图 5-24　　　　图 5-25

（7）按<Ctrl>+<D>组合键，弹出"置入"对话框，选择光盘中的"Ch05 ＞ 素材 ＞ 制作茶叶
宣传册封面 ＞ 02"文件，单击"打开"按钮，在页面空白处单击鼠标左键置入图片。选择"选择"
工具 ，将图片拖曳到适当的位置并调整其大小，效果如图 5-26 所示。

（8）选择"直排文字"工具 ，在页面中拖曳一个文本框，输入需要的文字。将输入的文字
选取，在"控制面板"中选择合适的字体并设置文字大小，并设置填充色的 CMYK 值为 80、60、
80、25，填充文字，选择"选择"工具 ，文字效果如图 5-27 所示。选择"对象 ＞ 适合 ＞ 使
框架适合内容"命令，使文本框适合文字，效果如图 5-28 所示。

（9）选择"选择"工具 ，按住<Shift>键的同时，将文字和印章图片同时选取，选择"窗口 ＞
对象和版面 ＞ 对齐"命令，弹出"对齐"面板，单击"右对齐"按钮 ，对齐效果如图 5-29
所示。

图 5-26　　　　　图 5-27　　　　　图 5-28　　　　　图 5-29

（10）选择"直排文字"工具 ，在页面中拖曳一个文本框，输入需要的文字。将输入的文
字选取，在"控制面板"中选择合适的字体并设置文字大小，选择"选择"工具 ，效果如图
5-30 所示。选择"对象 ＞ 适合 ＞ 使框架适合文字"命令，使文本框适合文字，效果如图 5-31
所示。

图 5-30　　　　　　　　　　　　　　　　图 5-31

（11）保持文本框的选取状态，将"控制面板"中的"不透明度" <u>100%</u> 选项设置为 30%，按<Enter>键，效果如图 5-32 所示。连续按<Ctrl>+<[>组合键，按需要将文本框后移到需要的位置，效果如图 5-33 所示。

图 5-32　　　　　　　　　　　　　　　　图 5-33

（12）按<Ctrl>+<D>组合键，弹出"置入"对话框，选择光盘中的"Ch05 > 素材 > 制作茶叶宣传册封面 > 03"文件，单击"打开"按钮，在页面空白处单击鼠标左键置入图片。选择"选择"工具 ，将图片拖曳到适当的位置并调整其大小，效果如图 5-34 所示。

（13）保持图片的选取状态，将"控制面板"中的"不透明度" <u>100%</u> 选项设置为 85%，按<Enter>键，效果如图 5-35 所示。选择"文字"工具 T ，在页面右下方拖曳一个文本框，输入需要的文字。将输入的文字选取，在"控制面板"中选择合适的字体并设置文字大小，取消文字的选取状态，效果如图 5-36 所示。

图 5-34　　　　　　　　　　图 5-35　　　　　　　　　　图 5-36

3．制作封面效果

（1）按<Ctrl>+<D>组合键，弹出"置入"对话框，选择光盘中的"Ch05 > 素材 > 制作茶叶宣传册封面 > 04"文件，单击"打开"按钮，在页面空白处单击鼠标左键置入图片。选择"选择"工具 ，将图片拖曳到适当的位置并调整其大小，效果如图 5-37 所示。

（2）保持图片的选取状态。选择"效果"面板，将混合模式选项设置为"亮度"，如图 5-38 所示，效果如图 5-39 所示。

图 5-37　　　　　　　　　图 5-38　　　　　　　　　图 5-39

（3）选择"选择"工具 ，在页面中选择需要的图片，如图 5-40 所示。按<Ctrl>+<C>组合键，复制图片。按<Ctrl>+<V>组合键，粘贴图片，将图片拖曳到适当的位置，并调整其大小，效果如图 5-41 所示。在页面空白处单击，取消图片的选取状态。

图 5-40　　　　　　　　　　　　　　　　　图 5-41

（4）按<Ctrl>+<D>组合键，弹出"置入"对话框，选择光盘中的"Ch05 > 素材 > 制作茶叶书籍封面 > 05"文件，单击"打开"按钮，在页面空白处单击鼠标左键置入图片。选择"选择"工具，将图片拖曳到适当的位置并调整其大小，效果如图 5-42 所示。在页面空白处单击，取消图片的选取状态。按<Ctrl>+<；>组合键，隐藏参考线，茶叶宣传册封面制作完成，效果如图 5-43 所示。

图 5-42　　　　　　　　　　　　　　　　　图 5-43

5.1.2　使用文本框

1．创建文本框

选择"文字"工具 T，在页面中适当的位置单击并按住鼠标左键不放，拖曳到适当的位置，如图 5-44 所示，松开鼠标左键，创建文本框，文本框中会出现插入点光标，如图 5-45 所示。在拖曳时按住<Shift>键，可以拖曳一个正方形的文本框，如图 5-46 所示。

图 5-44　　　　　　　　　图 5-45　　　　　　　　　图 5-46

2. 移动和缩放文本框

⊙　移动文本框

选择"选择"工具 ▲，直接拖曳文本框至需要的位置。

使用"文字"工具 T，按住<Ctrl>键的同时，将光标置于已有的文本框上，光标变为选择工具，如图 5-47 所示，单击并拖曳文本框至适当的位置，如图 5-48 所示，松开鼠标左键和<Ctrl>键，被移动的文本框处于选取状态，如图 5-49 所示。

图 5-47　　　　　　　　　图 5-48　　　　　　　　　图 5-49

在文本框中编辑文本时，也可按住<Ctrl>键移动文本框。用这个方法移动文本框可以不用切换工具，也不会丢失当前的文本插入点或选中的文本。

⊙　缩放文本框

选择"选择"工具 ▲，选取需要的文本框，拖曳框中的任何控制手柄，可缩放文本框。

选择"文字"工具 T，按住<Ctrl>键，将光标置于要缩放的文本上，将自动显示该文本的文本框，如图 5-50 所示，拖曳文本框中的控制手柄到适当的位置，如图 5-51 所示，可缩放文本框，效果如图 5-52 所示。

图 5-50　　　　　　　　　图 5-51　　　　　　　　　图 5-52

5.1.3　添加文本

1．输入文本

选择"文字"工具 T，在页面中适当的位置拖曳鼠标创建文本框，当松开鼠标左键时，文本框中会出现插入点光标，直接输入文本即可。

选择"选择"工具 ↖ 或选择"直接选择"工具 ↖，在已有的文本框内双击，文本框中会出现插入点光标，直接输入文本即可。

2．粘贴文本

可以从 InDesign 文档或是从其他应用程序中粘贴文本。当从其他程序中粘贴文本时，通过设置"编辑 > 首选项 > 剪贴板处理"命令弹出的对话框中的选项，决定 Indesign 是否保留原来的格式，以及是否将用于文本格式的任意样式都添加到段落样式面板中。

3．置入文本

选择"文件 > 置入"命令，弹出"置入"对话框，在"查找范围"选项的下拉列表中选择要置入的文件所在的位置并单击文件名，如图 5-53 所示，单击"打开"按钮，在适当的位置拖曳鼠标置入文本，效果如图 5-54 所示。

图 5-53　　　　　　　　　　　　　　　　　图 5-54

在"置入"对话框中，各复选框介绍如下。

勾选"显示导入选项"复选框：显示出包含所置入文件类型的导入选项对话框。单击"打开"按钮，弹出"导入选项"对话框，设置需要的选项，单击"确定"按钮，即可置入文本。

勾选"应用网格格式"复选框：置入的文本将自动嵌套在网格中。单击"打开"按钮，可置入嵌套与网格中的文本。

勾选"替换所选项目"复选框：置入的文本将替换当前所选文本框架的内容。单击"打开"按钮，可置入替换所有项目的文本。

勾选"创建静态题注"复选框：在置入文本时不会显示题注，只有在置入图像时才能生成静态题注。

如果没有指定接收文本框，光标会变为载入文本图符，单击或拖动可置入文本。

4．使框架适合文本

选择"选择"工具 ，选取需要的文本框，如图 5-55 所示。选择"对象 > 适合 > 使框架适合内容"命令，可以使文本框适合文本，效果如图 5-56 所示。

如果文本框中有过剩文本，可以使用"使框架适合内容"命令自动扩展文本框的底部来适应文本内容。但若文本框是串接的一部分，便不能使用此命令扩展文本框。

图 5-55　　　　图 5-56

5.1.4　串接文本框

框中的文字可以独立于其他的框，或是在相互连接的框中流动。相互连接的框可以在同一个页面或跨页，也可以在不同的页面。文本串接是指在框之间连接文本的过程。

选择"视图 > 其他 > 显示文本串接"命令，选择"选择"工具 ，选取任意框，显示文本串接，如图 5-57 所示。

图 5-57

1．创建串接文本框

⊙　在串接中增加新的框

选择"选择"工具 ，选取需要的文本框，如图 5-58 所示，单击它的出口调出加载文本图符 ，在文档中适当的位置拖曳出新的文本框，如图 5-59 所示，松开鼠标，创建串接文本框，过剩的文本自动流入新创建的文本框中，效果如图 5-60 所示。

图 5-58　　　　　　　　　图 5-59　　　　　　　　　图 5-60

⊙　将现有的框添加到串接中

选择"选择"工具 ，将鼠标置于要创建串接的文本框的出口，如图 5-61 所示。单击调出加载文本图符 ，将其置于要连接的文本框之上，加载文本图符变为串接图符 ，如图 5-62 所示，单击创建两个文本框间的串接，效果如图 5-63 所示。

图 5-61

图 5-62

图 5-63

2. 取消文本框串接

选择"选择"工具 ，单击一个与其他框串接的文本框的出口（或入口），如图 5-64 所示，出现加载图符 后，将其置于文本框内，使其显示为解除串接图符 ，如图 5-65 所示，单击该框，取消文本框之间的串接，效果如图 5-66 所示。

图 5-64

图 5-65

图 5-66

选择"选择"工具 ，选取一个串接文本框，双击该框的出口，可取消文本框之间的串接。

3. 手工或自动排文

在置入文本或是单击文本框的出入口后，光标会变为载入文本图符 ，就可以在页面上排文了。当载入文本图符位于辅助线或网格的捕捉点时，黑色的光标变为白色图符 。

⊙　手工排文

选择"选择"工具 ，单击文本框的出口，光标会变为载入文本图符 ，拖曳到适当的位置，如图 5-67 所示，单击创建一个与栏宽等宽的文本框，文本自动排入框中，效果如图 5-68 所示。

图 5-67

图 5-68

◉　半自动排文

选择"选择"工具 ，单击文本框的出口，如图 5-69 所示，光标会变为载入文本图符 ，按住<Alt>键，光标会变为半自动排文图符 ，如图 5-70 所示。拖曳鼠标到适当的位置，单击创建一个与栏宽等宽的文本框，文本排入框中，如图 5-71 所示，不松开<Alt>键，重复在适当的位置单击，可继续置入过剩的文本，效果如图 5-72 所示，松开<Alt>键后，光标会自动变为载入文本图符 。

图 5-69

图 5-70

图 5-71

图 5-72

◉　自动排整个文章

选择"选择"工具 ，单击文本框的出口，光标会变为载入文本图符 ，按住<Shift>键的同时，光标会变为自动排文图符 ，如图 5-73 所示。拖曳鼠标到适当的位置，单击鼠标左键，自动创建与栏宽等宽的多个文本框，效果如图 5-74 所示。若文本超出文档页面，将自动新建文档页面，直到所有的文本都排入文档中。

图 5-73

图 5-74

提示　　单击进行自动排文本时，光标变为载入文本图符后，按住<Shift>+<Alt>组合键，光标会变为固定页面自动排文图符。在页面中单击排文时，将所有文本都自动排列到当前页面中，但不添加页面。任何剩余的文本都将成为溢流文本。

5.1.5　设置文本框属性

选择"选择"工具 ，选取一个文本框，如图 5-75 所示，选择"对象 > 文本框架选项"命令，弹出"文本框架选项"对话框，如图 5-76 所示。设置需要的数值改变文本框属性。

图 5-75　　　　　　　　　　　　　　　　　图 5-76

"分栏"选项组中的"栏数"、"栏间距"和"宽度"选项分别设置文本框的分栏数、栏间距和栏宽。

选择"选择"工具 ，选取需要的文本框，设置需要的数值，如图 5-77 所示，单击"确定"按钮，效果如图 5-78 所示。

图 5-77　　　　　　　　　　　　　　　　　图 5-78

"固定栏宽"复选框：指在改变文本框大小时是否保持栏宽不变。

"内边距"选项组：设置文本框上、下、左、右边距的偏离值。

"垂直对齐"选项组中的"对齐"选项设置文本框与文本的对齐方式，包括上/右、居中、下/左和对齐。

5.1.6　编辑文本

1. 选取文本

⊙ 选取文本

选择"文字"工具 **T** ，在文本框中单击并拖曳鼠标，选取需要的文本后，松开鼠标左键，选取文本。

选择"文字"工具 **T** ，在文本框中单击插入光标，双击可选取在任意标点符号间的文字，如图 5-79 所示；三击可选取一行文字，如图 5-80 所示；四击可选取整个段落，如图 5-81 所示；五击可选取整个文章，如图 5-82 所示。

图 5-79　　　　　　图 5-80　　　　　　图 5-81　　　　　　图 5-82

选择"文字"工具 **T** ，在文本框中单击插入光标，选择"编辑 > 全选"命令，可选取文章中的所有文本。

⊙ 取消文本选取

选择"文字"工具 **T** ，在文档窗口或是粘贴板的空白区域单击，可取消文本的选取状态。

单击选取工具或选择"编辑 > 全部取消选取"命令，可取消文本的选取状态。

2. 插入字形

选择"文字"工具 **T** ，在文本框中单击插入光标，如图 5-83 所示。选择"文字 > 字形"命令，弹出"字形"面板，在面板下方设置需要的字体和字体风格，选取需要的字符，如图 5-84 所示，双击字符图标在文本中插入字形，效果如图 5-85 所示。

图 5-83　　　　　　　　　　图 5-84　　　　　　　　　　图 5-85

5.1.7 随文框

1. 创建随文框

⊙ 粘贴创建随文框

选择"选择"工具 ▶, 选取需要的图形, 如图 5-86 所示, 按<Ctrl>+<X>组合键(或按<Ctrl>+<C>组合键), 剪切（或复制）图形。选择"文字"工具 T, 在文本框中单击插入光标, 如图 5-87 所示。按<Ctrl>+<V>组合键, 创建随文框, 效果如图 5-88 所示。

| 图 5-86 | 图 5-87 | 图 5-88 |

⊙ 置入创建随文框

选择"文字"工具 T, 在文本框中单击插入光标, 如图 5-89 所示。选择"文件 > 置入"命令, 在弹出的对话框中选取要导入的图形文件, 单击"打开"按钮, 创建随文框, 效果如图 5-90 所示。

| 图 5-89 | 图 5-90 |

提示 随文框是将框贴入或置入文本, 或是将字符转换为外框。随文框可以包含文本或图形, 可以用文字工具选取。

2. 移动随文框

选择"文字"工具 T, 选取需要移动的随文框, 如图 5-91 所示。在"控制面板"中的"基线偏移"选项 A⁺ ⊕ 0 点 中输入需要的数值, 如图 5-92 所示, 取消选取状态, 随文框的移动效果如图 5-93 所示。

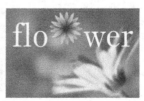

| 图 5-91 | 图 5-92 | 图 5-93 |

选择"文字"工具 T，选取需要移动的随文框，如图 5-94 所示。在"控制面板"中的"字符间距"选项 AV ⬦ 0 ⬦中输入需要的数值，如图 5-95 所示，取消选取状态，随文框的移动效果如图 5-96 所示。

| 图 5-94 | 图 5-95 | 图 5-96 |

选择"选择"工具 ▶ 或"直接选择"工具 ▶，选取随文框，沿与基线垂直的方向向上（或向下）拖曳，可移动随文框。不能沿水平方向拖曳随文框，也不能将框底拖曳至基线以上或是将框顶拖曳至基线以下。

3．清除随文框

选择"选择"工具 ▶ 或"直接选择"工具 ▶，选取随文框，选择"编辑 > 清除"命令或按 <Delete> 键或按 <Backspace> 键，即可清除随文框。

5.2 文本效果

在 InDesign CS5 中，提供了多种方法制作文本效果，包括文本绕排、路径文字和从文本创建路径。下面，具体介绍制作文本效果的方法和技巧。

5.2.1 课堂案例——制作茶叶宣传册内页

【案例学习目标】学习使用路径文字工具、竖排文字工具和文本绕排面板制作制作茶叶宣传册内页效果。

【案例知识要点】使用矩形工具、置入命令和不透明度命令制作背景效果，使用钢笔工具和路径文字工具制作路径文字，使用竖排文字工具、置入命令和文本绕排面板制作文本绕图效果，如图 5-97 所示。

【效果所在位置】光盘/Ch05/效果/制作茶叶宣传册内页.indd。

图 5-97

1．制作背景效果

（1）选择"文件 > 新建 > 文档"命令，弹出"新建文档"对话框，单击"页面方向"右侧的"横向"按钮，如图 5-98 所示，单击"边距和分栏"按钮，弹出如图 5-99 所示的对话框，单击"确定"按钮，新建一个页面。选择"视图 > 其他 > 隐藏框架边缘"命令，将所绘制图形的框架边缘隐藏。

图 5-98

图 5-99

（2）选择"矩形"工具，在页面中适当的位置绘制一个矩形，设置填充色的 CMYK 值为 5、10、10、0，填充矩形，并设置描边色为无，效果如图 5-100 所示。

（3）按<Ctrl>+<D>组合键，弹出"置入"对话框，选择光盘中的"Ch05 > 素材 > 制作茶叶宣传册内页 > 01"文件，单击"打开"按钮，在页面空白处单击鼠标左键置入图片。选择"选择"工具，将图片拖曳到适当的位置并调整其大小，效果如图 5-101 所示。

图 5-100

图 5-101

（4）保持图片的选取状态。选择"窗口 > 效果"命令，弹出"效果"面板，将混合模式选项设置为"正片叠底"，将"不透明度"选项设置为 60%，如图 5-102 所示，效果如图 5-103 所示。

图 5-102

图 5-103

2．添加路径文字

（1）选择"钢笔"工具，在页面中绘制一条路径，如图 5-104 所示。选择"路径文字"工

具 ，将鼠标移动到路径边缘，当光标变为图标 时，如图 5-105 所示，单击鼠标左键在路径上插入光标，输入需要的文字，如图 5-106 所示。

| 图 5-104 | 图 5-105 | 图 5-106 |

（2）选择"路径文字"工具 ，将输入的文字选取，在"控制面板"中选择合适的字体并设置文字大小，效果如图 5-107 所示。选取文字，在"控制面板"中将"字符间距" 选项设置为 280，按<Enter>键，效果如图 5-108 所示。

| 图 5-107 | 图 5-108 |

（3）选择"选择"工具 ，路径文字显示效果如图 5-109 所示。在工具箱中单击"描边"按钮，再单击"应用无"按钮 ，取消路径描边，效果如图 5-110 所示。

| 图 5-109 | 图 5-110 |

3. 制作文本绕图

（1）按<Ctrl>+<D>组合键，弹出"置入"对话框，选择光盘中的"Ch05 > 素材 > 制作茶叶宣传册内页 > 02"文件，单击"打开"按钮，在页面空白处单击鼠标左键置入图片。选择"选择"工具 ，拖曳图片到适当的位置并调整其大小，效果如图 5-111 所示。

（2）选择"直排文字"工具 ，在页面中拖曳一个文本框，输入需要的文字。将输入的文字选取，在"控制面

图 5-111

板"中选择合适的字体并设置文字大小，效果如图 5-112 所示。保持文字的选取状态，在"控制面板"中将"字符间距" 选项设置为-40，按<Enter>键，效果如图 5-113 所示。选择"选择"工具 ，选择"对象 > 适合 > 使框架适合内容"命令，使文本框适合文字，效果如图5-114 所示。

图 5-112　　　图 5-113　　　图 5-114

（3）选择"直排文字"工具 ，在页面中拖曳一个文本框，输入需要的文字。将输入的文字选取，在"控制面板"中选择合适的字体并设置文字大小，效果如图 5-115 所示。保持文字的选取状态，在"控制面板"中将"行距" 选项设置为 16.4 点，按<Enter>键，效果如图5-116 所示。

图 5-115　　　　　　图 5-116

（4）取消文字的选取状态。按<Ctrl>+<D>组合键，弹出"置入"对话框，选择光盘中的"Ch05 >素材 > 制作茶叶宣传册内页 > 03"文件，单击"打开"按钮，在页面空白处单击鼠标左键置入图片。选择"选择"工具 ，将图片拖曳到适当的位置并调整其大小，效果如图 5-117 所示。

（5）保持图片的选取状态。选择"窗口 > 文本绕排"命令，弹出"文本绕排"面板，单击"沿对象形状绕排"按钮 ，选项的设置如图 5-118 所示，按<Enter>键，效果如图 5-119 所示。在页面空白处单击，取消图片的选取状态，茶叶宣传册内页制作完成，效果如图 5-120 所示。

图 5-117　　　　　图 5-118　　　　　图 5-119　　　　　图 5-120

113

5.2.2　文本绕排

1．文本绕排面板

选择"选择"工具 ，选取需要的图形，如图 5-121 所示。选择"窗口 > 文本绕排"命令，弹出"文本绕排"面板，如图 5-122 所示。单击需要的绕排按钮，制作出的文本绕排效果如图 5-123 所示。

图 5-121　　　　　　　　　　图 5-122

沿定界框绕排　　　　沿对象形状绕排　　　　上下型绕排　　　　下型绕排

图 5-123

在绕排位移参数中输入正值，绕排将远离边缘；若输入负值，绕排边界将位于框架边缘内部。

2．沿对象形状绕排

当选取"沿对象形状绕排"时，"轮廓选项"被激活，可对绕排轮廓"类型"进行选择。这种绕排形式通常是针对导入的图形来绕排文本。

选择"选择"工具 ，选取导入的图形，如图 5-124 所示，在"文本绕排"面板中单击"沿对象形状绕排"按钮 ，在"类型"选项中选择需要的命令，如图 5-125 所示，文本绕排效果如图 5-126 所示。

图 5-124　　　　　　　　　图 5-125

定界框

检测边缘

Alpha 通道

图形框架

与剪切路径相同

图 5-126

　　勾选"包含内边缘"复选框，如图 5-127 所示，使文本显示在导入的图形的内边缘，效果如图 5-128 所示。

图 5-127

图 5-128

3．反转文本绕排

　　选择"选择"工具，选取一个绕排对象，如图 5-129 所示。选择"窗口 > 文本绕排"命令，弹出"文本绕排"面板，设置需要的数值，勾选"反转"复选框，如图 5-130 所示，效果如图 5-131 所示。

图 5-129

图 5-130

图 5-131

115

4．改变文本绕排的形状

选择"选择"工具 ，选取一个绕排对象，如图 5-132 所示。选择"直接选择"工具 ，单击选取对象上需要的锚点，如图 5-133 所示，将其拖曳至需要的位置，如图 5-134 所示，用相同的方法将其他需要的锚点拖曳到适当的位置，改变文本绕排的形状，效果如图 5-135 所示。

图 5-132

图 5-133

图 5-134

图 5-135

> **提示**　在 InDesign CS5 中提供了多种文本绕图的形式。应用好文本绕图可以使设计制作的杂志或报刊更加生动美观。

5.2.3　路径文字

使用"路径文字"工具 和"垂直路径文字"工具 ，在创建文本时，可以将让文本沿着一个开放或闭合路径的边缘进行水平或垂直方向排列，路径可以是规则或不规则的。路径文字和其他文本框一样有入口和出口，如图 5-136 所示。

图 5-136

1．创建路径文字

选择"钢笔"工具 ，绘制一条路径，如图 5-137 所示。选择"路径文字"工具 ，将光标定位于路径上方，光标变为图标 ，如图 5-138 所示，在路径上单击插入光标，如图 5-139 所示，输入需要的文本，效果如图 5-140 所示。

图 5-137　　　　　图 5-138　　　　　图 5-139　　　　　图 5-140

提示　若路径是有描边的，在添加文字之后会保持描边。要隐藏路径，用选取工具或是直接选择工具选取路径，将填充和描边颜色都设置为无即可。

2. 编辑路径文字

⊙　在路径上拖曳路径文字

选择"选择"工具 ，选取路径文字，如图 5-141 所示。将光标置于路径文字的起始线（或终止线）处，直到光标变为图标 ，拖曳起始线（或终止线）至需要的位置，如图 5-142 所示，松开鼠标，改变路径文字的起始线位置，而终止线位置保持不变，效果如图 5-143 所示。

图 5-141　　　　　　　图 5-142　　　　　　　图 5-143

⊙　路径文字的垂直对齐

选择"选择"工具 ，选取路径文字，如图 5-144 所示。选择"文字 > 路径文字 > 选项"命令，弹出"路径文字选项"对话框，如图 5-145 所示。

图 5-144　　　　　　　　　　　　　图 5-145

在"效果"选项中分别设置不同的效果，如图 5-146 所示。

彩虹效果　　　　　　　倾斜

3D带状效果　　　　阶梯效果　　　　重力效果

图 5-146

　　"效果"选项不变（以彩虹效果为例），在"对齐"选项中分别设置不同的对齐方式，效果如图 5-147 所示。

全角字框上方　　　　　居中　　　　全角字框下方

表意字框上方　　　　表意字框下方　　　　基线

图 5-147

　　"对齐"选项不变（以基线对齐为例），可以在"到路径"选项中设置上、下或居中 3 种对齐参照，如图 5-148 所示。

<table>
<tr><td>上</td><td>下</td><td>居中</td></tr>
</table>

图 5-148

"间距"是调整字符沿弯曲较大的曲线或锐角散开时的补偿，对于直线上的字符没有作用。"间距"选项可以是正值，也可以是负值。分别设置需要的数值，效果如图 5-149 所示。

<table>
<tr><td>0</td><td>负值</td><td>正值</td></tr>
</table>

图 5-149

⊙ 使路径文字翻转

选择"选择"工具 ，选取路径文字，如图 5-150 所示。将光标置于路径文字的中心线处，直到光标变为图标 ，拖曳中心线至内部，如图 5-151 所示，松开鼠标，效果如图 5-152 所示。

图 5-150   图 5-151   图 5-152

选择"文字 > 路径文字 > 选项"命令，弹出"路径文字选项"对话框，勾选"翻转"选项，可将文字翻转。

5.2.4　从文本创建路径

在 InDesign CS5 中，将文本转化为轮廓后，可以像对其他图形对象一样进行编辑和操作。通过这种方式，可以创建多种特殊文字效果。

1．将文本转为路径

选择"直接选择"工具 ，选取需要的文本框，如图 5-153 所示。选择"文字 > 创建轮廓"命令，或按<Ctrl>+<Shift>+<O>组合键，文本会转为路径，效果如图 5-154 所示。

选择"文字"工具 ，选取需要的一个或多个字符，如图 5-155 所示。选择"文字 > 创建轮廓"命令，或按<Ctrl>+<Shift>+<O>组合键，字符会转为路径，选择"直接选择"工具 ，选取转化后的文字，效果如图 5-156 所示。

图 5-153　　　　　　　　　　　　　　图 5-154

图 5-155　　　　　　　　　　　　　　图 5-156

2．创建文本外框

选择"直接选择"工具 ，选取转化后的文字，如图 5-157 所示。拖曳需要的锚点到适当的位置，如图 5-158 所示，可创建不规则的文本外框。

图 5-157　　　　　　　　　　　　　　图 5-158

选择"选择"工具 ，选取一张置入的图片，如图 5-159 所示，按<Ctrl>+<X>组合键，将其剪切。选择"选择"工具 ，选取转化为轮廓的文字，如图 5-160 所示。选择"编辑 > 粘入内部"命令，将图片粘入转化后的文字中，效果如图 5-161 所示。

图 5-159　　　　　　　　図 5-160　　　　　　　　图 5-161

选择"选择"工具 ，选取转化为轮廓的文字，如图 5-162 所示。选择"文字"工具 ，将光标置于路径内部单击，插入光标，如图 5-163 所示，输入需要的文字，效果如图 5-164 所示。取消填充后的效果如图 5-165 所示。

图 5-162

图 5-163

图 5-164

图 5-165

5.3　课堂练习——制作名片

【练习知识要点】使用置入命令和自由变换工具制作背景底图，使用矩形工具和效果面板制作装饰矩形，使用椭圆工具、相加命令、渐变色斑工具、复制命令和效果面板制作标志图形，使用钢笔工具、椭圆工具、路径文字工具和字符面板制作标志文字,使用文字工具添加名片的其他相关信息，如图 5-166 所示。

【效果所在位置】光盘/Ch05/效果/制作名片.indd。

图 5-166

5.4　课后习题——制作月饼广告

【习题知识要点】使用渐变色板工具、置入命令和效果调板制作背景图片，使用椭圆工具和路径文字工具制作路径文字，使用文本工具、钢笔工具制作广告语，如图 5-167 所示。

【效果所在位置】光盘/Ch05/效果/制作月饼广告.indd。

图 5-167

第6章

处理图像

InDesign CS5 支持多种图像格式，可以很方便地与多种应用软件协同工作，并通过链接面板和库面板来管理图像文件。通过对本章的学习，读者可以了解并掌握图像的导入方法，熟练应用链接面板和库面板。

课堂学习目标

- 置入图像
- 管理链接和嵌入图像
- 使用库

6.1 置入图像

在 InDesign CS5 中，可以通过"置入"命令将图形图像导入到 InDesign 的页面中，再通过编辑命令对导入的图形图像进行处理。

6.1.1 课堂案例——制作茶叶宣传册内页 2

【案例学习目标】学习使用置入命令和链接面板制作茶叶宣传册内页 2。

【案例知识要点】使用矩形工具、置入命令和贴入内部命令制作背景效果，使用链接面板将图片嵌入链接，使用钢笔工具和路径文字工具制作路径文字，使竖排文字工具添加其他文字效果，如图 6-1 所示。

【效果所在位置】光盘/Ch06/效果/制作茶叶宣传册内页 2.indd。

图 6-1

1. 制作背景效果

（1）选择"文件 > 新建 > 文档"命令，弹出"新建文档"对话框，单击"页面方向"右侧的"横向"按钮 ，如图 6-2 所示。单击"边距和分栏"按钮，弹出图 6-3 所示的"新建边距和分栏"对话框，单击"确定"按钮，新建一个页面。选择"视图 > 隐藏框架边缘"命令，将所绘制图形的框架边缘隐藏。

图 6-2

图 6-3

（2）选择"矩形"工具 ，在页面中拖曳鼠标绘制矩形，如图 6-4 所示。设置填充色的 CMYK 值为 5、10、10、0，填充图形，并设置描边色为无，效果如图 6-5 所示。

图 6-4

图 6-5

InDesign CS5 实例教程（第 2 版）

（3）选择"选择"工具，单击页面左侧的标尺，按住鼠标左键不放，向右拖曳出一条垂直的辅助线，在"控制面板"中将"X 位置"选项设置为 148.6 毫米，如图 6-6 所示，在页面空白处单击鼠标，页面效果如图 6-7 所示。

图 6-6　　　　　　　　　　　图 6-7

（4）按<Ctrl>+<D>组合键，弹出"置入"对话框，选择光盘中的"Ch06＞素材＞制作茶叶宣传册内页 2 ＞01"文件，单击"打开"按钮，在页面空白处单击鼠标左键置入图片。选择"选择"工具，将图片拖曳到适当的位置并调整其大小，效果如图 6-8 所示。选择"矩形"工具，在页面中拖曳鼠标绘制矩形，如图 6-9 所示。

图 6-8　　　　　　　　　　　图 6-9

（5）选择"选择"工具，选取图片素材，如图 6-10 所示。按<Ctrl>+<X>组合键，将其剪切。选取刚刚绘制的矩形，选择"编辑 ＞ 贴入内部"命令，将图片贴入矩形内部，并设置矩形描边色为无，效果如图 6-11 所示。

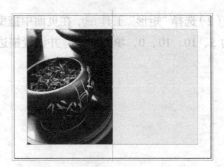

图 6-10　　　　　　　　　　　图 6-11

（6）选择"窗口 ＞ 链接"命令，弹出"链接"面板，如图 6-12 所示，单击面板右上方的图

124

标 ，在弹出的菜单中选择"嵌入链接"命令，如图 6-13 所示，将图片嵌入，在"链接"面板中显示嵌入链接图标，如图 6-14 所示。

图 6-12　　　　　　　　　　　　图 6-13　　　　　　　　　　　　图 6-14

2．添加路径文字

（1）选择"钢笔"工具 ，在页面中绘制一条路径，并设置描边色为白色，效果如图 6-15 所示。选择"路径文字"工具 ，将鼠标移动到路径边缘，当光标变为图标 时，如图 6-16 所示，单击鼠标左键在路径上插入光标，输入需要的文字。将输入的文字选取，在"控制面板"中选择合适的字体并设置文字大小，效果如图 6-17 所示。

图 6-15　　　　　　　　　　　　图 6-16　　　　　　　　　　　　图 6-17

（2）使用"路径文字"工具 ，选择需要的文字，如图 6-18 所示。在"控制面板"中将"字符间距" 选项设置为 160，按<Enter>键，效果如图 6-19 所示。

图 6-18　　　　　　　　　　　　图 6-19

（3）选择"选择"工具 ，路径文字显示效果如图 6-20 所示。在工具箱中单击"描边"按钮，再单击"应用无"按钮 ，取消路径描边，效果如图 6-21 所示。

125

图 6-20　　　　　　　　　　　　　　　　图 6-21

3.添加图片及其他文字

（1）打开光盘中的"Ch06 > 素材 > 制作茶叶宣传册内页 2 > 02"文件，按<Ctrl>+<A>组合键，将其全选。按<Ctrl>+<C>组合键，复制选取的图像。返回到正在编辑的 InDesign 页面中，按<Ctrl>+<V>组合键，将其粘贴到页面中。选择"选择"工具，将其拖曳到适当的位置，取消图像的选取状态，效果如图 6-22 所示。

（2）选择"选择"工具，选取茶杯图像，如图 6-23 所示，在"控制面板"中将"不透明度" 选项设置为 85%，按<Enter>键，效果如图 6-24 所示。

图 6-22　　　　　　　　　　图 6-23　　　　　　　　图 6-24

（3）选择"直排文字"工具，在页面中拖曳一个文本框，输入需要的文字。将输入的文字选取，在"控制面板"中选择合适的字体并设置文字大小，效果如图 6-25 所示。保持文字的选取状态，在"控制面板"中将"字符间距" 选项设置为 40，按<Enter>键，效果如图 6-26 所示。选择"选择"工具，选择"对象 > 适合 > 使框架适合内容"命令，使文本框适合文字，效果如图 6-27 所示。

图 6-25　　　　　　　　图 6-26　　　　　　　　图 6-27

（4）选择"直排文字"工具，在页面中拖曳一个文本框，输入需要的文字。将输入的文字选取，在"控制面板"中选择合适的字体并设置文字大小，效果如图 6-28 所示。保持文字的选取状态，在"控制面板"中将"行距" 选项设置为 16.4，将"字符间距"选项设置为 40，按<Enter>键，选择"选择"工具，效果如图 6-29 所示。取消文字的选取状态。按<Ctrl>+<；>组合键，隐藏参考线，茶叶宣传册内页 2 制作完成，效果如图 6-30 所示。

图 6-28	图 6-29	图 6-30

6.1.2 关于位图和矢量图形

在计算机中，图像大致可以分为两种：位图图像和矢量图像。位图图像效果如图 6-31 所示，矢量图像效果如图 6-32 所示。

图 6-31   图 6-32

位图图像又称为点阵图，是由许多点组成的，这些点称为像素。许许多多不同色彩的像素组合在一起便构成了一幅图像。由于位图采取了点阵的方式，使每个像素都能够记录图像的色彩信息，因而可以精确地表现色彩丰富的图像。但图像的色彩越丰富，图像的像素就越多（即分辨率越高），文件也就越大，因此处理位图图像时，对计算机硬盘和内存的要求也较高。同时由于位图本身的特点，图像在缩放和旋转变形时会产生失真的现象。

矢量图像是相对位图图像而言的，也称为向量图像，它是以数学的矢量方式来记录图像内容的。矢量图像中的图形元素称为对象，每个对象都是独立的，具有各自的属性（如颜色、形状、轮廓、大小和位置等）。矢量图像在缩放时不会产生失真的现象，并且它的文件占用的内存空间较小。这种图像的缺点是不易制作色彩丰富的图像，无法像位图图像那样精确地描绘各种绚丽的色彩。

这两种类型的图像各具特色，也各有优缺点，并且两者之间具有良好的互补性。因此，在图像处理和绘制图形的过程中，将这两种图像交互使用，取长补短，一定能使创作出来的作品更加完美。

6.1.3 置入图像的方法

"置入"命令是将图形导入 InDesign 中的主要方法，因为它可以在分辨率、文件格式、多页面 PDF 和颜色方面提供最高级别的支持。如果所创建文档并不十分注重这些特性，则可以通过复制和粘贴操作将图形导入 InDesign 中。

1. 置入图像

在页面区域中未选取任何内容，如图 6-33 所示。选择"文件 > 置入"命令，弹出"置入"对话框，在弹出的对话框中选择需要的文件，如图 6-34 所示，单击"打开"按钮，在页面中单击鼠标左键置入图像，效果如图 6-35 所示。

图 6-33　　　　　　　　　　图 6-34　　　　　　　　　　图 6-35

选择"选择"工具 ，在页面区域中选取图框，如图 6-36 所示。选择"文件 > 置入"命令，弹出"置入"对话框，在对话框中选择需要的文件，如图 6-37 所示，单击"打开"按钮，在页面中单击鼠标左键置入图像，效果如图 6-38 所示。

图 6-36　　　　　　　　　　图 6-37　　　　　　　　　　图 6-38

选择"选择"工具 ，在页面区域中选取图像，如图 6-39 所示。选择"文件 > 置入"命令，弹出"置入"对话框，在对话框中选择需要的文件，在对话框下方勾选"替换所选项目"复选框，如图 6-40 所示，单击"打开"按钮，在页面中单击鼠标左键置入图像，效果如图 6-41 所示。

图 6-39　　　　　　　　　　　　图 6-40　　　　　　　　　　　　图 6-41

2．复制和粘贴图像

在 InDesign 或其他程序中，选取原始图形，如图 6-42 所示。选择"编辑 > 复制"命令，复制图形，切换到 InDesign 文档窗口，选择"编辑 > 粘贴"命令，粘贴图像，效果如图 6-43 所示。

图 6-42　　　　　　　　　　　　　　　　　　　　　图 6-43

3．拖放图像

选择"选择"工具 ，选取需要的图形，如图 6-44 所示。按住鼠标左键将其拖曳到打开的 InDesign 文档窗口中，如图 6-45 所示，松开鼠标左键，效果如图 6-46 所示。

图 6-44

129

图 6-45　　　　　　　　　　　　　　　　　　　　　图 6-46

技巧　　在 Windows 中，如果尝试从不支持拖放操作的应用程序中拖曳项目，指针将显示"禁止"图标。

6.2　管理链接和嵌入图像

在 InDesign CS5 中，置入一个图像有两种形式，即链接图像和嵌入图像。当以链接图像的形式置入一个图像时，它的原始文件并没有真正拷贝到文档中，而是为原始文件创建了一个链接（或称文件路径）。当嵌入图像文件时，会增加文档文件的大小并断开指向原始文件的链接。

6.2.1　链接面板

所有置入的文件都会被列在链接面板中。选择"窗口 > 链接"命令，弹出"链接"面板，如图 6-47 所示。

图 6-47

"链接"面板中链接文件显示状态的意义如下。

最新：最新的文件只显示文件的名称以及它在文档中所处的页面。

修改：修改的文件会显示 ⚠ 图标。此图标意味着磁盘上的文件版本比文档中的版本新。

缺失：丢失的文件会显示 ❷ 图标。此图标表示图形不再位于导入时的位置，但仍存在于某个地方。如果在显示此图标的状态下打印或导出文档，则文件可能无法以全分辨率打印或导出。

嵌入：嵌入的文件显示 🔲 图标。嵌入链接文件会导致该链接的管理操作暂停。

6.2.2　使用链接面板

1．选取并将链接的图像调入文档窗口中

在"链接"面板中选取一个链接文件，如图 6-48 所示。单击"转到链接"按钮 ，或单击面板右上方的图标 ，在弹出的菜单中选择"转到链接"命令，如图 6-49 所示，选取并将链接的图像调入活动的文档窗口中，如图 6-50 所示。

图 6-48　　　　　　　图 6-49　　　　　　　　　　　　图 6-50

2．在原始应用程序中修改链接

在"链接"面板中选取一个链接文件，如图 6-51 所示。单击"编辑原稿"按钮 ，或单击面板右上方的图标 ，在弹出的菜单中选择"编辑原稿"命令，如图 6-52 所示，打开并编辑原文件，如图 6-53 所示，保存并关闭原文件，在 InDesign 中的效果如图 6-54 所示。

图 6-51　　　　　　　　　　　　图 6-52

图 6-53　　　　　　　　　　　　图 6-54

6.2.3 将图像嵌入文件

1. 嵌入文件

在"链接"面板中选取一个链接文件，如图 6-55 所示。单击面板右上方的图标█，在弹出的菜单中选择"嵌入链接"命令，如图 6-56 所示，文件名保留在链接面板中，并显示嵌入链接图标，如图 6-57 所示。

图 6-55   图 6-56   图 6-57

注意 如果置入的位图图像小于或等于 48KB，InDesign 将自动嵌入图像。如果图像没有链接，当原始文件发生更改时，"链接"调板不会发出警告，并且无法自动更新相应文件。

2. 解除嵌入

在"链接"面板中选取一个嵌入的链接文件，如图 6-58 所示。单击面板右上方的图标█，在弹出的菜单中选择"取消嵌入文件"命令，弹出图 6-59 所示的对话框，选择是否链接至原文件，单击"是"铵钮，将其链接至原文件，面板如图 6-60 所示；单击"否"按钮，将弹出"浏览文件夹"对话框，选取需要的文件链接。

图 6-58   图 6-59   图 6-60

6.2.4 更新、恢复和替换链接

1. 更新修改过的链接

在"链接"面板中选取一个或多个带有修改链接图标⚠的链接，如图 6-61 所示。单击面板

下方的"更新链接"按钮 ，或单击面板右上方的图标 ，在弹出的菜单中选择"更新链接"命令，如图 6-62 所示，更新选取的链接，面板如图 6-63 所示。

图 6-61　　　　　　　　　　图 6-62　　　　　　　　　图 6-63

2. 一次更改所有修改过的链接

在"链接"面板中，按住<Shift>键同时，选取需要的链接，如图 6-64 所示，单击面板下方的"更新链接"按钮 ，如图 6-65 所示，更新所有修改过的链接，效果如图 6-66 所示。

图 6-64　　　　　　　　　　图 6-65　　　　　　　　　图 6-66

在"链接"面板中，选取带有修改图标 的所有链接文件，如图 6-67 所示。单击面板右上方的图标 ，在弹出的菜单中选择"更新链接"命令，更新所有修改过的链接，效果如图 6-68 所示。

图 6-67　　　　　　　　　图 6-68

3. 恢复丢失的链接或用不同的源文件替换链接

在"链接"面板中选取一个或多个带有丢失链接图标 的链接，如图 6-69 所示。单击"重新链接"按钮 ，或单击面板右上方的图标 ，在弹出的菜单中选择"重新链接"命令，如图 6-70 所示，弹出"定位"对话框，选取要重新链接的文件，单击"打开"按钮，文件重新链接，面板如图 6-71 所示。

图 6-69

图 6-70

图 6-71

注意 如果所有缺失文件位于相同的文件夹中，则可以一次恢复所有缺失文件。首先选择所有缺失的链接（或不选择任何链接），然后恢复其中的一个链接，其余的所有缺失链接将自动恢复。

6.3 使用库

库有助于组织最常用的图形、文本和页面。可以向库中添加标尺参考线、网格、绘制的形状和编组图像，并可以根据需要任意创建多个库。

6.3.1 创建库

选择"文件 > 新建 > 库"命令，弹出"新建库"对话框，如图 6-72 所示，为库指定位置和名称，单击"保存"按钮。在文档中弹出"库"面板，"库"面板的名称是由新建库时所指定的名称决定的，如图 6-73 所示。

图 6-72

图 6-73

选择"文件 > 打开"命令，在弹出的对话框中选取要打开的一个或多个库，单击"打开"按钮即可。

单击"库"面板中的关闭按钮，或单击面板右上方的图标 ，在弹出的菜单中选择"关闭库"命令，可关闭库。在"窗口"菜单中选择"库"的文件名，也可以关闭库。

直接将"库"文件拖曳到桌面的"回收站"中，可删除库。

6.3.2　将对象或页面添加到库中

选择"选择"工具 ，选取需要图形，如图 6-74 所示。按住鼠标左键将其拖曳到"库"面板中，如图 6-75 所示，松开鼠标左键，所有的对象将作为一个库对象添加到库中，如图 6-76 所示。

图 6-74　　　　　　　　　　图 6-75　　　　　　　　　　图 6-76

选择"选择"工具 ，选取需要的图形，如图 6-77 所示。单击"新建库项目"按钮 ，或单击面板右上方的图标 ，在弹出的菜单中选择"添加项目"命令，如图 6-78 所示，将所有的对象作为一个库对象添加到库中，效果如图 6-79 所示。

图 6-77　　　　　　　　　　图 6-78　　　　　　　　　　图 6-79

在要添加对象的页面空白处单击，如图 6-80 所示，单击"库"面板右上方的图标 ，在弹出的菜单中选择"添加第 1 页上的项目"命令，如图 6-81 所示，将所有的对象作为一个库对象添加到库中，效果如图 6-82 所示。

图 6-80　　　　　　　　　　图 6-81　　　　　　　　　　图 6-82

在要添加对象的页面空白处单击，如图 6-83 所示，单击"库"面板右上方的图标 ，在弹出的菜单中选择"将第 1 页上的项目作为单独对象添加"命令，如图 6-84 所示，将所有的对象作为单独的库对象添加到库中，效果如图 6-85 所示。

图 6-83　　　　　　　　　　图 6-84　　　　　　　　　　图 6-85

6.3.3　将库中的对象添加到文档中

选择"选择"工具 ，选取库面板中的一个或多个对象，如图 6-86 所示，按住鼠标左键将其拖曳到文档中，如图 6-87 所示，松开鼠标左键，对象添加到文档中，效果如图 6-88 所示。

图 6-86　　　　　　　　　　图 6-87　　　　　　　　　　图 6-88

选择"选择"工具 ，选取库面板中的一个或多个对象，如图 6-89 所示。单击"库"面板右上方的图标 ，在弹出的菜单中选择"置入项目"命令，如图 6-90 所示，对象按其原 X、Y 坐标置入，效果如图 6-91 所示。

图 6-89　　　　　　　　　　图 6-90　　　　　　　　　　图 6-91

6.3.4　管理库对象

1．更新库对象

选择"选择"工具 ，选取要添加到"库"面板中的图形，如图 6-92 所示。在"库"面板中选取要替换的对象，如图 6-93 所示，单击面板右上方的图标 ，在弹出的菜单中选择"更新库项目"命令，如图 6-94 所示，新项目替换库中的对象，面板如图 6-95 所示。

图 6-92

图 6-93

图 6-94

图 6-95

2．从一个库拷贝或移动对象到另一个库

选择"文件 > 新建 > 库"命令，弹出"新建库"对话框，为库指定位置和名称，单击"保存"按钮，在文档中弹出"库 2"面板。

选择"选择"工具 ，选取"库"面板中要拷贝的对象，如图 6-96 所示。按住鼠标左键将其拖曳到"库 2"面板中，如图 6-97 所示，松开鼠标左键，对象拷贝到"库 2"面板中，如图 6-98 所示。

图 6-96

图 6-97

图 6-98

选择"选择"工具 ，选取"库"面板中要移动的对象，如图 6-99 所示。按住<Alt>键的同时，将其拖曳到"库 2"面板中，如图 6-100 所示，松开鼠标左键，对象移动到"库 2"面板中，效果如图 6-101 所示。

| 图 6-99 | 图 6-100 | 图 6-101 |

3．从库中删除对象

选择"选择"工具 ，选取"库"面板中的一个或多个对象。单击面板中的"删除库项目"按钮 ，或单击面板右上方的图标 ，在弹出的菜单中选择"删除项目"命令，可从库中删除对象。

6.4　课堂练习——制作新年贺卡

【练习知识要点】使用矩形工具和渐变色板工具制作背景效果，使用置入命令和外发光命令制作图片的外发光，使用文字工具、钢笔工具和不透明度命令制作装饰文字，使用钢笔工具和路径文字工具制作路径文字，如图 6-102 所示。

【效果所在位置】光盘/Ch06/效果/制作新年贺卡.indd。

图 6-102

6.5　课后习题——制作食品宣传单

【习题知识要点】使用渐变色板、置入命令和效果面板制作背景图片，使用钢笔工具和外发光命令制作装饰图形的不透明效果，使用文字工具添加需要的文字，使用投影工具为文字和图片添加投影，如图 6-103 所示。

【效果所在位置】光盘/Ch06/效果/制作食品宣传单.indd。

图 6-103

第7章

版式编排

在 InDesign CS5 中，可以便捷地设置字符的格式和段落的样式。通过学习本章的内容，读者可以了解格式化字符和段落、设置项目符号以及使用定位符的方法和技巧，并能熟练掌握字符样式和段落样式面板的操作，为今后快捷地进行版式编排打下坚实的基础。

课堂学习目标

- 格式化字符
- 段落格式化
- 对齐文本
- 字符样式和段落样式

7.1 格式化字符

在 InDesign CS5 中，可以通过"控制面板"和"字符"面板设置字符的格式。这些格式包括文字的字体、字号、颜色和字符间距等。

选择"文字"工具 T，"控制面板"如图 7-1 所示。

选择"窗口 > 文字和表 > 字符"命令，或按 <Ctrl>+<T> 组合键，弹出"字符"面板，如图 7-2 所示。

图 7-1   图 7-2

7.1.1 课堂案例——制作购物招贴

【案例学习目标】学习使用文字工具和字符面板制作购物招贴。

【案例知识要点】使用矩形和置入命令制作背景效果，使用文字工具和旋转角度命令添加广告语，使用椭圆工具、多边形工具和文字工具制作标志，使用直线工具、文字工具和字符面板添加其他相关信息，如图 7-3 所示。

【效果所在位置】光盘/Ch07/效果/制作购物招贴.indd。

1．制作背景效果

（1）选择"文件 > 新建 > 文档"命令，弹出"新建文档"对话框，如图 7-4 所示，单击"边距和分栏"按钮，弹出对话框，选项的设置如图 7-5 所示，单击"确定"按钮，新建一个页面。

图 7-3

图 7-4   图 7-5

（2）选择"矩形"工具 ，在页面中拖曳鼠标绘制矩形，设置填充色的 CMYK 值为 71、63、60、12，填充矩形，并设置描边色为无，效果如图 7-6 所示。

（3）在页面空白处单击，取消图形的选取状态。按<Ctrl>+<D>组合键，弹出"置入"对话框，选择光盘中的"Ch07 > 素材 > 制作购物招贴 > 01"文件，单击"打开"按钮，在页面空白处单击鼠标左键置入图片，并拖曳图片到适当的位置，如图 7-7 所示。

图 7-6　　　　　　　　　　　　　　图 7-7

2. 添加标题和广告语

（1）选择"文字"工具 T，在页面中拖曳一个文本框，输入需要的文字。将输入的文字选取，在"控制面板"中选择合适的字体并设置文字大小，效果如图 7-8 所示。在"控制面板"中将"垂直缩放" IT 100% 选项设置为 130%，按<Enter>键，并填充文字为白色，效果如图 7-9 所示。选择"选择"工具 ，在"控制面板"中将"不透明度" 100% 选项设置为 60%，按<Enter>键，效果如图 7-10 所示。

图 7-8　　　　　　　　　　　　　　图 7-9

图 7-10

（2）在页面空白处单击，取消文字的选取状态。按<Ctrl>+<D>组合键，弹出"置入"对话框，选择光盘中的"Ch07 > 素材 > 制作购物招贴 > 02"文件，单击"打开"按钮，在页面空白处单击鼠标左键置入图片，并拖曳图片到适当的位置，效果如图 7-11 所示。

（3）选择"文字"工具 T，在页面中分别拖曳文本框，输入需要的文字。分别将输入的文字选取，在"控制面板"中选择合适的字体并设置文字大小。设置填充色的 CMYK 值为 35、100、100、0，填充文字。在页面空白处单击，取消文字的选取状态，效果如图 7-12 所示。

图 7-11　　　　　　　　　　　　　　图 7-12

（4）选择"文字"工具 T，选取需要的文字，如图 7-13 所示，在"控制面板"中将"字符间距" AV 0 选项设置为-25，按<Enter>键，效果如图 7-14 所示。

图 7-13   图 7-14

（5）选择"选择"工具 ，按住<Shift>键的同时，将文字同时选取，如图 7-15 所示。选择"窗口 > 对齐和版面 > 对齐"命令，弹出"对齐"面板，如图 7-16 所示，单击"左对齐"按钮 ，对齐效果如图 7-17 所示。在"控制面板"中将"旋转角度" 0° 选项设置为 15°，按<Enter>键，旋转文字，并将其拖曳到适当的位置，效果如图 7-18 所示。

图 7-15   图 7-16   图 7-17   图 7-18

3．添加宣传性文字

（1）使用上述方法添加宣传文字，效果如图 7-19 所示。选择"文字"工具 T，选取需要的文字，如图 7-20 所示，单击"控制面板"中的"下划线"按钮 T，在页面空白处单击，取消文字选取状态，效果如图 7-21 所示。

图 7-19   图 7-20   图 7-21

（2）选择"文字"工具 T，分别选取数字"2000"、"302"、"1000"和"152"，设置填充色的 CMYK 值为 35、100、100、0，填充文字，取消文字选取状态，效果如图 7-22 所示。使用"文字"工具 T，选取数字"2"，如图 7-23 所示，单击"控制面板"中的"上标"按钮 T，效果如图 7-24 所示。

图 7-22

图 7-23

图 7-24

（3）用相同的方法将另一数字设置为上标，效果如图 7-25 所示。按<Ctrl>+<D>组合键，弹出"置入"对话框，选择光盘中的"Ch07 > 素材 > 制作购物招贴 > 03"文件，单击"打开"按钮，在页面空白处单击鼠标左键置入图片，拖曳图片到适当的位置并调整其大小，效果如图 7-26 所示。

图 7-25

图 7-26

（4）保持图片的选取状态，在"控制面板"上将"旋转角度" △ 0° 选项设置为15°，按<Enter>键，效果如图 7-27 所示。连续按<Ctrl>+<[>组合键，将图片后移至文字的后方，效果如图 7-28 所示。

图 7-27

图 7-28

（5）选择"文字"工具 T，在页面中分别拖曳文本框，输入需要的文字。分别将输入的文字选取，在"控制面板"中选择合适的字体并设置文字大小。设置填充色的 CMYK 值为 35、100、100、0，填充文字。在页面空白处单击，取消文字的选取状态，效果如图 7-29 所示。

（6）选择"文字"工具 T，选取需要的文字，如图 7-30 所示，在"控制面板"中将"字符间距" 0 选项设置为-50，按<Enter>键，效果如图 7-31 所示。

图 7-29

图 7-30

图 7-31

（6）用相同的方法，将下方英文的"字符间距" 选项设置为 25，效果如图 7-32 所示。选择"选择"工具 ，按住<Shift>键的同时，将两个英文同时选取，如图 7-33 所示，在"控制面板"中将"旋转角度" 选项设置为 15°，按<Enter>键，效果如图 7-34 所示。

图 7-32　　　　　　　　　　　图 7-33　　　　　　　　　　　图 7-34

（7）按<Ctrl>+<D>组合键，弹出"置入"对话框，选择光盘中的"Ch07 > 素材 > 制作购物招贴 > 04"文件，单击"打开"按钮，在页面空白处单击鼠标左键置入图片，拖曳图片到适当的位置并调整其大小，效果如图 7-35 所示。

（8）选择"矩形"工具 ，在页面中拖曳鼠标绘制矩形，设置填充色的 CMYK 值为 35、100、100、0，填充矩形，并设置描边色为无，效果如图 7-36 所示。在适当的位置再次拖曳鼠标绘制矩形，填充矩形为白色，并设置描边色为无，效果如图 7-37 所示。

图 7-36

图 7-35　　　　　　　　　　　　　　　　　图 7-37

（9）选择"选择"工具 ，按住<Shift>键的同时，将红色矩形和白色矩形同时选取，单击"对齐"面板中的"垂直居中对齐"按钮 ，对齐效果如图 7-38 所示。按<Ctrl>+<G>组合键，将其编组，并将编组图形拖曳到适当的位置，效果如图 7-39 所示。按住<Shift>键的同时，单击背景图片，将背景图片和编组图形同时选取，单击"对齐"面板中的"水平居中对齐"按钮 ，对齐效果如图 7-40 所示。

图 7-38　　　　　　　　　　　图 7-39　　　　　　　　　　　图 7-40

4．制作标志

（1）选择"椭圆"工具 ◯，按住<Shift>键的同时，在页面中拖曳鼠标绘制圆形，如图 7-41 所示。双击"多边形"工具 ◯，弹出"多边形设置"对话框，选项的设置如图 7-42 所示，单击"确定"按钮，按住<Shift>键的同时，在页面中分别拖曳鼠标，绘制两个多边形图形，效果如图 7-43 所示。

图 7-41　　　　　　　　图 7-42　　　　　　　　图 7-43

（2）选择"选择"工具 ▶，用圈选的方法将圆形和多边形同时选取，如图 7-44 所示。选择"窗口 > 对象和版面 > 路径查找器"命令，弹出"路径查找器"面板，单击"减去"按钮 □，如图 7-45 所示，效果如图 7-46 所示。

图 7-44　　　　　　　　图 7-45　　　　　　　　图 7-46

（3）保持图形的选取状态。双击"渐变色板"工具 ■，弹出"渐变"面板，在"类型"选项的下拉列表中选择"线性"，在色带上选中左侧的渐变色标，设置 CMYK 的值为 0、100、0、0，选中右侧的渐变色标，设置 CMYK 的值为 0、100、0、33，其他选项的设置如图 7-47 所示，在图形上拖曳鼠标，如图 7-48 所示，填充渐变色，并设置描边色为无，效果如图 7-49 所示。

图 7-47　　　　　　　　图 7-48　　　　　　　　图 7-49

（4）选择"文字"工具 T，在页面中拖曳文本框，输入需要的文字。将输入的文字选取，在"控制面板"中选择合适的字体并设置文字大小，效果如图 7-50 所示。使用"文字"工具 T，选取需要的文字，在"控制面板"中选择合适的字体并设置文字大小，效果如图 7-51 所示。

图 7-50　　　　　　　　　　　　　图 7-51

（5）使用"文字"工具 T ，再次选取需要的文字，在"控制面板"中将"基线偏移" A⁺ ⟦0 点⟧
选项设置为-5 点，按<Enter>键，效果如图 7-52 所示。在文字下方拖曳文本框，输入需要的文字。
将输入的文字选取，在"控制面板"中选择合适的字体并设置文字大小，效果如图 7-53 所示。

图 7-52　　　　　　　　　　　　　图 7-53

（6）选择"选择"工具 ，用圈选的方法将图形和文字同时选取，按<Ctrl>+<G>组合键，将
其编组，如图 7-54 所示。并将编组图形拖曳到适当的位置，效果如图 7-55 所示。

图 7-54　　　　　　　　　　　　　图 7-55

5. 添加其他相关信息

（1）选择"文字"工具 T ，在页面中拖曳文本框，输入需要的文字。将输入的文字选取，在
"控制面板"中选择合适的字体并设置文字大小，效果如图 7-56 所示。在"控制面板"中将"字
符间距" AV ⟦0⟧ 选项设置为 50，按<Enter>键，效果如图 7-57 所示。

图 7-56　　　　　　　　　　　　　图 7-57

（2）选择"直线"工具 ，按住<Shift>键的同时，在页面中适当的位置拖曳鼠标绘制直线。
在"控制面板"中将"描边粗细" ⟦0.283 点⟧ 选项设置为 2 点，按<Enter>键，改变直线的粗细。
并将描边色设置为白色，效果如图 7-58 所示。

（3）选择"文字"工具 T ，在页面中拖曳文本框，输入需要的文字。将输入的文字选取，在
"控制面板"中选择合适的字体并设置文字大小，如图 7-59 所示。

图 7-58　　　　　　　　　　　　　图 7-59

（4）保持文字的选取状态，按<Ctrl>+<T>组合键，弹出"字符"面板，将"垂直缩放" IT ⟦100%⟧

选项设置为 150%，"字符间距" 选项设置为 5，如图 7-60 所示，按<Enter>键，效果如图 7-61 所示。在页面空白处单击，取消文字的选取状态，购物招贴制作完成，效果如图 7-62 所示。

图 7-60   图 7-61   图 7-62

7.1.2 字体

字体是版式编排中最基础、最重要的组成部分。下面具体介绍设置字体和复合字体的方法和技巧。

1. 设置字体

选择"文字"工具 T，选择要更改的文字，如图 7-63 所示。在"控制面板"中单击"字体"选项右侧的按钮，在弹出的菜单中选择一种字体，如图 7-64 所示，改变字体，取消文字的选取状态，效果如图 7-65 所示。

图 7-63   图 7-64   图 7-65

选择"文字"工具 T，选择要更改的文本，如图 7-66 所示。选择"窗口 > 文字和表 > 字符"命令，或按<Ctrl>+<T>组合键，弹出"字符"面板，单击"字体"选项右侧的按钮，可以从弹出的下拉列表中选择一种需要的字体，如图 7-67 所示，取消选取状态，文字效果如图 7-68 所示。

图 7-66   图 7-67   图 7-68

选择"文字"工具 **T**，选择要更改的文本，如图 7-69 所示。选择"文字 > 字体"命令，在弹出的子菜单中选择一种需要的字体，如图 7-70 所示，效果如图 7-71 所示。

图 7-69   图 7-70   图 7-71

2. 复合字体

选择"文字 > 复合字体"命令，或按<Alt>+<Shift>+<Ctrl>+<F>组合键，弹出"复合字体编辑器"对话框，如图 7-72 所示。单击"新建"按钮，弹出"新建复合字体"对话框，如图 7-73 所示，在"名称"选项中输入复合字体的名称，如图 7-74 所示，单击"确定"按钮。返回到"复合字体编辑器"对话框中，在列表框下方选取字体，如图 7-75 所示。单击列表框中的其他选项，分别设置需要的字体，如图 7-76 所示，单击"存储"按钮，将复合字体存储，再单击"确定"按钮，复合字体制作完成，在字体列表的最上方显示，如图 7-77 所示。

图 7-72

图 7-73

图 7-74   图 7-75

148

图 7-76

图 7-77

在"复合字体编辑器"对话框的右侧，可进行如下操作。

单击"导入"按钮，可导入其他文本中的复合字体。

选取不需要的复合字体，单击"删除字体"按钮，可删除复合字体。

可以通过点选"横排文本"和"直排文本"单选项切换样本文本的文本方向，使其以水平或垂直方式显示。还可以选择"显示"或"隐藏"指示表意字框、全角字框、基线等彩线。

7.1.3　行距

选择"文字"工具 T ，选择要更改行距的文本，如图 7-78 所示。"控制面板"中的"行距"选项 的文本框输入需要的数值后，按<Enter>键确认操作，取消文字的选取状态，效果如图 7-79 所示。

图 7-78

图 7-79

选择"文字"工具 T ，选择要更改的文本，如图 7-80 所示。"字符"面板如图 7-81 所示，在"行距"选项 的文本框中输入需要的数值，如图 7-82 所示，按<Enter>键确认操作，取消文字的选取状态，效果如图 7-83 所示。

图 7-80　　　　　图 7-81　　　　　图 7-82　　　　　图 7-83

7.1.4　调整字偶间距和字距

1. 调整字偶间距

选择"文字"工具 T，在需要的位置单击插入光标，如图 7-84 所示。在"控制面板"中的"字偶间距"选项 AV 的文本框中输入需要的数值，如图 7-85 所示，按 <Enter> 键确认操作，取消文字的选取状态，效果如图 7-86 所示。

图 7-84　　　　　图 7-85　　　　　图 7-86

提示　选择"文字"工具 T，在需要的位置单击插入光标，按住<Alt>键的同时，单击向左（或向右）方向键可减小（或增大）两个字符之间的字偶间距。

2. 调整字距

选择"文字"工具 T，选择需要的文本，如图 7-87 所示。在"控制面板"中的"字符间距"选项 AV 的文本框中输入需要的数值，如图 7-88 所示，按<Enter>键确认操作，取消文字的选取状态，效果如图 7-89 所示。

图 7-87　　　　　图 7-88　　　　　图 7-89

提示　选择"文字"工具 T，选择需要的文本，按住<Alt>键的同时，单击向左（或右）方向键可减小（或增大）字符间距。

7.1.5　基线偏移

选择"文字"工具 T，选择需要的文本，如图 7-90 所示。在"控制面板"中的"基线偏移"选项 A↕ 的文本框中输入需要的数值，正值将使该字符的基线移动到这一行中其余字符基线的上方，如图 7-91 所示；负值将使其移动到这一行中其余字符基线的下方，如图 7-92 所示。

图 7-90　　　　　　　　　图 7-91　　　　　　　　　图 7-92

技巧　在"基线偏移"选项 A↕ 的文本框中单击，按向上（或向下）方向键，可增大（或减小）基线偏移值。按住<Shift>键的同时，再按向上或向下方向键，可以按更大的增量（或减量）更改基线偏移值。

7.1.6　使字符上标或下标

选择"文字"工具 T，选择需要的文本，如图 7-93 所示。在"控制面板"中单击"上标"按钮 T，如图 7-94 所示，选取的文本变为上标，取消文字的选取状态，效果如图 7-95 所示。

图 7-93　　　　　　　　　图 7-94　　　　　　　　　图 7-95

选择"文字"工具 T，选择需要的文本，如图 7-96 所示。在"字符"面板中单击右上方的图标 ，在弹出的菜单中选择"下标"命令，如图 7-97 所示，选取的文本变为下标，取消文字的选取状态，效果如图 7-98 所示。

图 7-96　　　　　　　　　图 7-97　　　　　　　　　图 7-98

7.1.7　下划线和删除线

选择"文字"工具 **T**，选择需要的文本，如图 7-99 所示。在"控制面板"中单击"下划线"按钮 **T**，如图 7-100 所示，为选取的文本添加下划线，取消文字的选取状态，效果如图 7-101 所示。

选择"文字"工具 **T**，选择需要的文本，如图 7-102 所示。在"字符"面板中单击右上方的图标 ，在弹出的菜单中选择"删除线"命令，如图 7-103 所示，为选取的文本添加删除线，取消文字的选取状态，效果如图 7-104 所示。

图 7-99　　　　　　图 7-100　　　　　　图 7-101

图 7-102　　　　　　图 7-103　　　　　　图 7-104

下划线和删除线的默认粗细、颜色取决于文字的大小和颜色。

7.1.8　缩放文字

选择"选择"工具 ，选取需要的文本框，如图 7-105 所示。按<Ctrl>+<T>组合键，弹出"字符"面板，在"垂直缩放"选项 **IT** 文本框中输入需要的数值，如图 7-106 所示，按 <Enter>键确认操作，垂直缩放文字，取消文本框的选取状态，效果如图 7-107 所示。

　　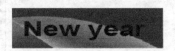

图 7-105　　　　　　图 7-106　　　　　　图 7-107

选择"选择"工具 ，选取需要的文本框，如图 7-108 所示。在"字符"面板中的"水平缩放"选项 **T** 文本框中输入需要的数值，如图 7-109 所示，按<Enter>键确认操作，水平缩放文字，取消文本框的选取状态，效果如图 7-110 所示。

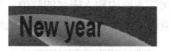

图 7-108　　　　　　　　　　图 7-109　　　　　　　　　　图 7-110

选择"文字"工具 T，选择需要的文字。在"控制面板"的"垂直缩放"选项 IT 或"水平缩放"选项 T 文本框中分别输入需要的数值，也可缩放文字。

7.1.9　倾斜文字

选择"选择"工具，选取需要的文本框，如图 7-111 所示。按 <Ctrl>+<T> 组合键，弹出"字符"面板，在"倾斜"选项 T 的文本框中输入需要的数值，如图 7-112 所示，按<Enter>键确认操作，倾斜文字，取消文本框的选取状态，效果如图 7-113 所示。

图 7-111　　　　　　　　　　图 7-112　　　　　　　　　　图 7-113

7.1.10　旋转文字

选择"选择"工具，选取需要的文本框，如图 7-114 所示。按<Ctrl>+<T>组合键，弹出"字符"面板，在"字符旋转"选项 中输入需要的数值，如图 7-115 所示，按<Enter>键确认操作，旋转文字，取消文本框的选取状态，效果如图 7-116 所示。输入负值可以向右（顺时针）旋转字符。

图 7-114　　　　　　　　　　图 7-115　　　　　　　　　　图 7-116

153

7.1.11 调整字符前后的间距

选择"文字"工具 T，选择需要的字符，如图 7-117 所示。在"控制面板"中的"比例间距"选项 文本框中输入需要的数值，如图 7-18 所示，按<Enter>键确认操作，可调整字符的前后间距，取消文字的选取状态，效果如图 7-119 所示。

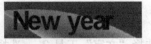

图 7-117　　　　　　　　图 7-118　　　　　　　　图 7-119

调整"控制面板"或"字符"面板中的"字符前挤压间距"选项 和"字符后挤压间距"选项 ，也可调整字符前后的间距。

7.1.12 更改文本的颜色和渐变

选择"文字"工具 T，选择需要的文字，如图 7-120 所示。双击工具箱下方的"填色"按钮，弹出"拾色器"对话框，在对话框中调配需要的颜色，如图 7-121 所示，单击"确定"按钮，对象的颜色填充效果如图 7-122 所示。

图 7-120　　　　　　　　图 7-121　　　　　　　　图 7-122

选择"选择"工具 ，选取需要的文本框，如图 7-123 所示。在工具箱下方单击"格式针对文本"按钮 ，如图 7-124 所示，双击"描边"按钮，弹出"拾色器"对话框，在对话框中调配需要的颜色，如图 7-125 所示，单击"确定"按钮，对象的描边填充效果如图 7-126 所示。

图 7-123　　　图 7-124　　　　　图 7-125　　　　　图 7-126

还可以通过"颜色"面板、"色板"面板、"渐变色板"工具 和"渐变羽化"工具 填充文本及其描边。

7.1.13　为文本添加效果

选择"选择"工具 ，选取需要的文本框，如图 7-127 所示。选择"对象 > 效果 > 透明度"命令，弹出"效果"对话框，在"设置"选项中选取"文本"，如图 7-128 所示。选择"投影"选项，切换到相应的对话框，设置如图 7-129 所示，单击"确定"按钮，为文本添加阴影效果，如图 7-130 所示。可以用相同的方法添加其他效果。

图 7-127　　　　　　　　　　　　　　　　图 7-128

图 7-129　　　　　　　　　　　　图 7-130

7.1.14　更改文字的大小写

选择"选择"工具 ，选取需要的文本框，按<Ctrl>+<T>组合键，弹出"字符"面板，单击面板右上方的图标 ，在弹出的菜单中选择"全部大写字母/小型大写字母"命令，使选取的文字全部大写或小型大写，效果如图 7-131 所示。

原文字　　　　　　　　　　全部大写字母　　　　　　　　　小型大写字母

图 7-131

选择"选择"工具 ，选取需要的文本框，选择"文字 > 更改大小写"命令，在弹出的子菜单中选取需要的命令，效果如图 7-132 所示。

原文字　　　　　　　　　　　　大写　　　　　　　　　　　　小写

标题大小写　　　　　　　　　　　　　句子大小写

图 7-132

7.1.15　直排内横排

选择"文字"工具 T ，选取需要的字符，如图 7-133 所示。按<Ctrl>+<T>组合键，弹出"字符"面板，单击面板右上方的图标 ，在弹出的菜单中选择"直排内横排"命令，如图 7-134 所示，使选取的字符横排，效果如图 7-135 所示。

图 7-133　　　　　　　　　图 7-134　　　　　　　　　图 7-135

7.1.16　为文本添加拼音

选择"文字"工具 T ，选择需要的文本，如图 7-136 所示。单击"字符"面板右上方的图标 ，在弹出的菜单中选择"拼音 > 拼音"命令，如图 7-137 所示，弹出"拼音"对话框，在"拼音"选项中输入拼音字符，要更改"拼音"设置，单击对话框左侧的选项并指定设置，如图 7-138 所示，单击"确定"按钮，效果如图 7-139 所示。

图 7-136　　　　　　　　　　　　　图 7-137

图 7-138

图 7-139

7.1.17 对齐不同大小的文本

选择"选择"工具 ⬉，选取需要的文本框，如图 7-140 所示。单击"字符"面板右上方的图标 ▦ ，在弹出的菜单中选择"字符对齐方式"命令，弹出子菜单，如图 7-141 所示。

图 7-140

图 7-141

在弹出的子菜单中选择需要的对齐方式，为大小不同的文字对齐，效果如图 7-142 所示。

全角字框，上/右

全角字框，居中

罗马字基线

全角字框，下/左

表意字框，上/右

表意字框，下/左

图 7-142

7.2 段落格式化

在 InDesign CS5 中，可以通过"控制面板"和"段落"面板设置段落的格式。这些格式包括段落间距、首字下沉、段前和段后距等。

选择"文字"工具 T ，单击"控制面板"中的"段落格式控制"按钮 ¶ ，显示如图 7-143 所示。

图 7-143

选择"窗口 > 文字和表 > 段落"命令，或按<Ctrl>+<Alt>+<T>组合键，弹出"段落"面板，如图 7-144 所示。

图 7-144

7.2.1 调整段落间距

选择"文字"工具 T ，在需要的段落文本中单击插入光标，如图 7-145 所示。在"段落"面板中的"段前间距" 文本框中输入需要的数值，如图 7-146 所示，按<Enter>键确认操作，可调整段落前的间距，效果如图 7-147 所示。

图 7-145　　　　　　　　图 7-146　　　　　　　　图 7-147

选择"文字"工具 T ，在需要的段落文本中单击插入光标，如图 7-148 所示。在"控制面板"中的"段后间距" 文本框中输入需要的数值，如图 7-149 所示，按<Enter>键确认操作，可调整段落后的间距，效果如图 7-150 所示。

图 7-148   图 7-149   图 7-150

7.2.2   首字下沉

选择 "文字" 工具 T , 在段落文本中单击插入光标, 如图 7-151 所示。在 "段落" 面板中的 "首字下沉行数" 文本框中输入需要的数值, 如图 7-152 所示, 按<Enter>键确认操作, 效果如图 7-153 所示。在 "首字下沉一个或多个字符" 文本框中输入需要的数值, 如图 7-154 所示, 按<Enter>键确认操作, 效果如图 7-155 所示。

图 7-151   图 7-152   图 7-153   图 7-154   图 7-155

在 "控制面板" 中的 "首字下沉行数" 或 "首字下沉一个或多个字符" 文本框中分别输入需要的数值也可设置首字下沉。

7.2.3   项目符号和编号

项目符号和编号可以让文本看起来更有条理, 在 InDesign 中可以轻松创建并修改它们, 并可以将项目符号嵌入段落样式中。

1. 创建项目符号和编号

选择 "文字" 工具 T , 选取需要的文本, 如图 7-156 所示。在 "控制面板" 中单击 "段落格式控制" 按钮 ¶ , 单击 "项目符号列表" 按钮 , 效果如图 7-157 所示, 单击 "编号列表" 按钮 , 效果如图 7-158 所示。

图 7-156   图 7-157   图 7-158

2．设置项目符号和编号选项

⊙ 设置编号列表选项

选择"文字"工具 ，选取要重新设置的含编号的文本，如图 7-159 所示。按住<Alt>键的同时，单击"编号列表"按钮 ，或单击"段落"面板右上方的图标 ，在弹出的菜单中选择"项目符号和编号"命令，弹出"项目符号和编号"对话框，如图 7-160 所示。

图 7-159　　　　　　　　　　　　　　　图 7-160

在"编号样式"选项组中，各选项介绍如下。

"格式"选项：设置需要的编号类型。

"编号"选项：使用默认表达式，即句号（.）加制表符空格（^t），或者构建自己的编号表达式。

"字符样式"选项：为表达式选取字符样式，将应用到整个编号表达式，而不只是数字。

"模式"选项："从上一个编号继续"按顺序对列表进行编号；"开始位置"从一个数字或在文本框中输入的其他值处开始进行编号。输入数字而非字母，即使列表使用字母或罗马数字来进行编号也是如此。

在"项目符号和编号位置"选项组中，各选项介绍如下。

"对齐方式"选项：在为编号分配的水平间距内左对齐、居中对齐或右对齐项目符号或编号。

"左缩进"选项：指定第一行之后的行缩进量。

"首行缩进"选项：控制项目符号或编号的位置。

"制表符位置"选项：在项目符号或编号与列表项目的起始处之间生成空格。

设置需要的样式，如图 7-161 所示，单击"确定"按钮，效果如图 7-162 所示。

图 7-161　　　　　　　　　　　　　　　图 7-162

⊙ 设置项目符号和编号选项

选择"文字"工具 T，选取要重新设置的含项目符号和编号的文本，如图 7-163 所示。按住 <Alt>键的同时，单击"项目符号列表"按钮 ，或单击"段落"面板右上方的图标 ，在弹出的菜单中选择"项目符号和编号"命令，弹出"项目符号和编号"对话框，如图 7-164 所示。

单击"添加"按钮，弹出"添加项目符号"对话框，如图 7-165 所示。根据不同的字体和字体样式设置不同的符号，选取需要的字符，单击"确定"按钮，即可添加项目符号字符。

| 图 7-163 | 图 7-164 | 图 7-165 |

选取要删除的字符，单击"删除"按钮，可删除字符。其他选项的设置与编号选项对话框中的设置相同，这里不再赘述。

在"添加项目符号"对话框中的设置如图 7-166 所示，单击"确定"按钮，返回到"项目符号和编号"对话框中，设置需要的符号样式，如图 7-167 所示，单击"确定"按钮，效果如图 7-168 所示。

| 图 7-166 | 图 7-167 | 图 7-168 |

7.3 对齐文本

在 InDesign CS5 中，可以通过"控制面板"、"段落"面板和制表符对齐文本。下面具体介绍对齐文本的方法和技巧。

7.3.1　课堂案例——制作台历

【案例学习目标】学习使用制表符命令制作台历效果。

【案例知识要点】使用矩形工具和角选项命令制作底图，使用置入、剪切和贴入内部命令添加图片，使用文字工具和制表符命令制作台历日期，使用矩形工具、角选项命令、渐变面板、椭圆工具和路径查找器面板制作台历挂环装饰图形，如图 7-169 所示。

【效果所在位置】光盘\Ch07\效果\制作台历.indd。

图 7-169

1．制作台历底图

（1）选择"文件 > 新建 > 文档"命令，弹出"新建文档"对话框，单击"页面方向"选项右侧的"横向"按钮，如图 7-170 所示，单击"边距和分栏"按钮，弹出对话框，选项的设置如图 7-171 所示，单击"确定"按钮，新建一个页面。选择"视图 > 其他 > 隐藏框架边缘"命令，将所绘制图形的框架边缘隐藏。

图 7-170

图 7-171

（2）选择"矩形"工具 ，在页面中拖曳鼠标绘制矩形，设置填充色的 CMYK 值为 50、50、50、10，填充图形，并设置描边色为无，效果如图 7-172 所示。在适当的位置再次拖曳鼠标绘制矩形，并填充矩形为白色，效果如图 7-173 所示。

图 7-172

图 7-173

（3）选择"对象 > 角选项"命令，弹出"角选项"对话框，选项的设置如图 7-174 所示，单击"确定"按钮，效果如图 7-175 所示。

图 7-174　　　　　　　　　　　　图 7-175

（4）选择"选择"工具 ，按住<Shift>键的同时，将矩形和圆角矩形同时选取。按<Shift>+<F7>组合键，弹出"对齐"面板，如图 7-176 所示，单击"水平居中对齐"按钮 ，对齐效果如图 7-177 所示。取消图形的选取状态。按<Ctrl>+<D>组合键，弹出"置入"对话框，选择光盘中的"Ch07 > 素材 > 制作台历 > 01"文件，单击"打开"按钮，在页面空白处单击鼠标左键置入图片，拖曳图片到适当的位置并调整其大小，效果如图 7-178 所示。

图 7-176　　　　　　　　图 7-177　　　　　　　　图 7-178

（5）保持图片的选取状态，按<Ctrl>+<X>组合键，将其剪切。在页面中选择白色圆角矩形，选择"编辑 > 贴入内部"命令，将图片贴入到圆角矩形内部，效果如图 7-179 所示。取消图片的选取状态。按<Ctrl>+<D>组合键，弹出"置入"对话框，选择光盘中的"Ch07 > 素材 > 制作台历 > 02"文件，单击"打开"按钮，在页面空白处单击鼠标左键置入图片，拖曳图片到适当的位置并调整其大小，效果如图 7-180 所示。

图 7-179　　　　　　　　　　　　图 7-180

（6）选择"文字"工具 ，在页面中拖曳一个文本框，输入需要的文字。将输入的文字选取，在"控制面板"中选择合适的字体并设置文字大小，效果如图 7-181 所示。选择"选择"工具 ，单击工具箱下方的"格式针对文本"按钮 ，设置填充色的 CMYK 值为 50、68、83、10，填充文字，效果如图 7-182 所示。

（7）选择"文字"工具 $\boxed{\text{T}}$，选取文字"法国巴黎 浪漫之都"，在"控制面板"中设置文字的大小，在页面空白处单击，取消文字的选取状态，效果如图 7-183 所示。

| 图 7-181 | 图 7-182 | 图 7-183 |

2. 添加台历日期

（1）选择"矩形"工具 $\boxed{\Box}$，在适当的位置拖曳鼠标绘制矩形，设置填充色的 CMYK 值为 50、50、50、10，填充图形，并设置描边色为无，效果如图 7-184 所示。

（2）选择"文字"工具 $\boxed{\text{T}}$，在页面中拖曳一个文本框，输入需要的文字。将输入的文字选取，在"控制面板"中选择合适的字体并设置文字大小。在"控制面板"中将"字符间距" $\boxed{\text{AV} \updownarrow 0 \quad \checkmark}$ 选项设置为-150，按<Enter>键，效果如图 7-185 所示。

（3）选择"文字"工具 $\boxed{\text{T}}$，选取文字"月"，在"控制面板"中设置文字的大小，并将"基线偏移" $\boxed{\text{A} \updownarrow 0 点}$ 选项设置为-10 点，按<Enter>键，效果如图 7-186 所示。选择"选择"工具 $\boxed{\text{R}}$，将文字拖曳到适当的位置，效果如图 7-187 所示。

| 图 7-184 | 图 7-185 | 图 7-186 | 图 7-187 |

（4）选择"文字"工具 $\boxed{\text{T}}$，在页面中拖曳一个文本框，输入需要的文字。将输入的文字选取，在"控制面板"中选择合适的字体并设置文字大小。如图 7-188 所示。分别选取需要的文字，在"控制面板"中选择适合的字体，并设置填充色的 CMYK 值为 0、100、100、20，填充文字，在页面空白处单击，取消文字的选取状态，效果如图 7-189 所示。

日一二三四五六日一二三四五六日一	日一二三四五六日一二三四五六日一
12345678910111213141516	12345678910111213141516
二三四五六日一二三四五六日一二	二三四五六日一二三四五六日一二
17181920212223242526272829303 1	17181920212223242526272829303 1
图 7-188	图 7-189

（5）选择"文字"工具 $\boxed{\text{T}}$，将文字同时选取，如图 7-190 所示。选择"文字 > 制表符"命令，弹出"制表符"面板，如图 7-191 所示。单击"剧中对齐制表符"按钮 $\boxed{\downarrow}$，并在标尺上单击添加制表符，在"X"文本框中输入 8 毫米，如图 7-192 所示。单击面板右上方的图标 $\boxed{\cdot\equiv}$，在弹出的菜单中选择"重复制表符"命令，"制表符"面板如图 7-193 所示。

图 7-190

图 7-191

图 7-192

图 7-193

（6）在适当的位置单击鼠标左键插入光标，如图 7-194 所示。按<Tab>键，调整文字的间距，在文字"日"后面插入光标，按<Tab>键，再次调整文字的间距，如图 7-195 所示。用相同的方法分别在适当的位置插入光标，按<Tab>键，调整文字的间距，效果如图 7-196 所示。选择"选择"工具，选择日期文本框，将文本框拖曳到适当的位置，效果如图 7-197 所示。

图 7-194

图 7-195

日	一	二	三	四	五	六	日	一	二	三	四	五	六	日	一
1	2	3	4	5	6	7	8	9	10	11	12	13	14	15	16
二	三	四	五	六	日	一	二	三	四	五	六	日	一		
17	18	19	20	21	22	23	24	25	26	27	28	29	30	31	

图 7-196

图 7-197

3．绘制台历装饰挂环

（1）选择"椭圆"工具，按住<Shift>键的同时，在适当的位置拖曳鼠标绘制圆形，将圆形填充为白色，并设置描边色为无，效果如图 7-198 所示。选择"选择"工具，按住<Shift>+<Alt>组合键的同时，水平向右拖曳图形到适当的位置，复制图形，如图 7-199 所示。连续按<Ctrl>+<Alt>+<4>组合键，按需要再复制出多个图形，效果如图 7-200 所示。

图 7-198

图 7-199

165

图 7-200

（2）选择"选择"工具 ，用圈选的方法将所有圆形和底图同时选取，如图 7-201 所示。选择"窗口 > 对象和版面 > 路径查找器"命令，弹出"路径查找器"面板，单击"减去"按钮 ，如图 7-202 所示，效果如图 7-203 所示。

图 7-201　　　　　　　　　　图 7-202　　　　　　　　　　图 7-203

（3）选择"矩形"工具 ，在页面中拖曳鼠标绘制矩形，设置填充色的 CMYK 值为 0、0、0、50，填充图形，并设置描边色为无，效果如图 7-204 所示。选择"对象 > 角选项"命令，弹出"角选项"对话框，选项的设置如图 7-205 所示，单击"确定"按钮，效果如图 7-206 所示。选择"选择"工具 ，按住<Alt>键的同时，向左上方拖曳鼠标到适当的位置，复制图形，如图 7-207 所示。

图 7-204　　　　　　　　　　图 7-205　　　　　　　　图 7-206　　图 7-207

（4）双击"渐变色板"工具 ，弹出"渐变"面板，在"类型"选项的下拉列表中选择"线性"，在色带上设置 3 个渐变色标，分别将渐变色标的位置设为 0、66、100，并设置 CMYK 的值为 0（0、7、17、26），66（0、18、36、77），100（0、18、36、49），其他选项的设置如图 7-208 所示，填充渐变色，并设置描边色为无，效果如图 7-209 所示。

图 7-208　　图 7-209

（5）选择"选择"工具，将两个圆角矩形同时选取，按<Ctrl>+<G>组合键，将其编组，并将其拖曳到适当的位置，效果如图 7-210 所示。按住<Shift>+<Alt>组合键的同时，水平向右拖曳鼠标到适当的位置，复制图形，效果如图 7-211 所示。选择"选择"工具，将需要图形同时选取，按<Ctrl>+<G>组合键，将其编组。按住<Shift>+<Alt>组合键的同时，水平向右拖曳鼠标到适当的位置，复制编辑图形，效果如图 7-212 所示。连续按<Ctrl>+<Alt>+<4>组合键，按需要再复制出多个编组图形，效果如图 7-213 所示。

图 7-210　　　图 7-211　　　图 7-212　　　　　　图 7-213

（6）选择"选择"工具，用圈选的方法将复制编组图形同时选取，按<Ctrl>+<G>组合键，将其编组，如图 7-214 所示。在页面空白处单击，取消图形的选取状态，台历制作完成，效果如图 7-215 所示。

图 7-214　　　　　　　　　　　　图 7-215

7.3.2　对齐文本

选择"选择"工具，选取需要的文本框，如图 7-216 所示。选择"窗口 > 文字和表 > 段落"命令，弹出"段落"面板，如图 7-217 所示，单击需要的按钮，效果如图 7-218 所示。

图 7-216　　　　　　　　　图 7-217

左对齐　　　　　　　居中对齐　　　　　　　右对齐

双齐末行齐左　　　　双齐末行居中　　　　双齐末行齐右

全部强制双齐　　　　朝向书籍对齐　　　　背向书籍对齐

图 7-218

7.3.3　设置缩进

选择 "文字" 工具 T，在段落文本中单击插入光标，如图 7-219 所示。在 "段落" 面板中的 "左缩进" 文本框中输入需要的数值，如图 7-220 所示，按<Enter>键确认操作，效果如图 7-221 所示。

图 7-219　　　　　　　图 7-220　　　　　　　图 7-221

在其他缩进文本框中输入需要的数值，效果如图 7-222 所示。

右缩进　　　　　　　　　　　　　首行左缩进

图 7-222

选择"文字"工具 T，在段落文字中单击插入光标，如图 7-223 所示。在"段落"面板中的"末行右缩进" 文本框中输入需要的数值，如图 7-224 所示，按<Enter>键确认操作，效果如图 7-225 所示。

图 7-223　　　　　　　图 7-224　　　　　　　图 7-225

7.3.4　创建悬挂缩进

选择"文字"工具 T，在段落文本中单击插入光标，如图 7-226 所示。在"控制面板"中的"左缩进" 文本框中输入大于 0 的值，按<Enter>键确认操作，效果如图 7-227 所示。再在"首行左缩进" 文本框中输入一个小于 0 的值，按<Enter>键确认操作，使文本悬挂缩进，效果如图 7-228 所示。

图 7-226　　　　　　　图 7-227　　　　　　　图 7-228

选择"文字"工具 T，在要缩进的段落文字前单击插入光标，如图 7-229 所示。选择"文字 >

插入特殊字符 ＞ 其他 ＞ 在此缩进对齐"命令，如图 7-230 所示，使文本悬挂缩进，如图 7-231
所示。

图 7-229　　　　　　　　图 7-230　　　　　　　　图 7-231

7.3.5　制表符

选择"文字"工具 T，选取需要的文本框，如图 7-232 所示。选择"文字 ＞制表符"命令，
或按＜Shift＞+＜Ctrl＞+＜T＞组合键，弹出"制表符"面板，如图 7-233 所示。

图 7-232　　　　　　　　　　　图 7-233

1．设置制表符

在标尺上多次单击，设置制表符，如图 7-234 所示。在段落文本中需要添加制表符的位置单
击，插入光标，按＜Tab＞键，调整文本的位置，效果如图 7-235 所示。

图 7-234　　　　　　　　　　　图 7-235

2．添加前导符

将所有文字同时选取，在标尺上单击选取一个已有的制表符，如图 7-236 所示。在对话框上
方的"前导符"文本框中输入需要的字符，按＜Enter＞键确认操作，效果如图 7-237 所示。

图 7-236 　　　　　　　　　　　　　　　　图 7-237

3．重复制表符

在标尺上单击选取一个已有的制表符，如图 7-238 所示。单击右上方的按钮 ，在弹出的菜单中选择 "重复制表符" 命令，在标尺上重复选取的制表符设置，效果如图 7-239 所示。

图 7-238 　　　　　　　　　　　　　　　　图 7-239

4．更改制表符对齐方式

在标尺上单击选取一个已有的制表符，如图 7-240 所示。单击标尺上方的制表符对齐按钮（这里单击 "右对齐制表符" 按钮 ），更改制表符的对齐方式，效果如图 7-241 所示。

图 7-240 　　　　　　　　　　　　　　　　图 7-241

5．移动制表符位置

在标尺上单击选取一个已有的制表符，如图 7-242 所示。在标尺上直接拖曳到新位置或在 "X"文本框中输入需要的数值，移动制表符位置，效果如图 7-243 所示。

图 7-242 　　　　　　　　　　　　　　　　图 7-243

6．删除定位符

在标尺上单击选取一个已有的制表符，如图 7-244 所示。直接拖离标尺或单击右上方的按钮 ，在弹出的菜单中选择"删除制表符"命令，删除选取的制表符，效果如图 7-245 所示。

图 7-244　　　　　　　　　　　　　图 7-245

单击对话框右上方的按钮 ，在弹出的菜单中选择"清除全部"命令，恢复为默认的制表符，效果如图 7-246 所示。

图 7-246

7.4　字符样式和段落样式

字符样式是通过一个步骤就可以应用于文本的一系列字符格式属性的集合。段落样式包括字符和段落格式属性，可应用于一个段落，也可应用于某范围内的段落。

7.4.1　创建字符样式和段落样式

1．打开样式面板

选择"文字 > 字符样式"命令，或按<Shift>+<F11>组合键，弹出"字符样式"面板，如图 7-247 所示。选择"窗口 > 样式 > 字符样式"命令，也可弹出"字符样式"面板。

选择"文字 > 段落样式"命令，或按<F11>键，弹出"段落样式"面板，如图 7-248 所示。选择"窗口 > 样式 > 段落样式"命令，也可弹出"段落样式"面板。

图 7-247　　　　　　　　　　　图 7-248

2．定义字符样式

单击"字符样式"面板下方的"创建新样式"按钮 ，在面板中生成新样式，如图 7-249 所示。双击新样式的名称，弹出"字符样式选项"对话框，如图 7-250 所示。

图 7-249　　　　　　　　　　　　　　　图 7-250

"样式名称"选项：输入新样式的名称。

"基于"选项：选择当前样式所基于的样式。使用此选项，可以将样式相互链接，以便一种样式中的变化可以反映到基于它的子样式中。默认情况下，新样式基于［无］或当前任何选定文本的样式。

"快捷键"选项：用于添加键盘快捷键。

勾选"将样式应用于选区"复选框：将新样式应用于选定文本。

在其他选项中指定格式属性，单击左侧的某个类别，指定要添加到样式中的属性。完成设置后，单击"确定"按钮即可。

3．定义段落样式

单击"段落样式"面板下方的"创建新样式"按钮 ，在面板中生成新样式，如图 7-251 所示。双击新样式的名称，弹出"段落样式选项"对话框，如图 7-252 所示。

图 7-251　　　　　　　　　　　　　　　图 7-252

除"下一样式"选项外，其他选项的设置与"字符样式选项"对话框相同，这里不再赘述。

"下一样式"选项：指定当按<Enter>键时在当前样式之后应用的样式。

单击"段落样式"面板右上方的图标，在弹出的菜单中选择"新建段落样式"命令，如图 7-253 所示，弹出"新建段落样式"对话框，如图 7-254 所示，也可新建段落样式。其中的选项与"段落样式选项"对话框相同，这里不再赘述。

图 7-253　　　　　　　　　　　　　　　　图 7-254

技巧　若想在现有文本格式的基础上创建一种新的样式，选择该文本或在该文本中单击插入光标，单击"段落样式"面板下方的"创建新样式"按钮　　即可。

7.4.2　编辑字符样式和段落样式

1．应用字符样式

选择"文字"工具 T，选取需要的字符，如图 7-255 所示。在"字符样式"面板中单击需要的字符样式名称，如图 7-256 所示，为选取的字符添加样式，取消文字的选取状态，效果如图 7-257所示。

图 7-255　　　　　　　　　图 7-256　　　　　　　　　图 7-257

在"控制面板"中单击"快速应用"按钮 ，弹出"快速应用"面板，单击需要的段落样式，或按下定义的快捷键，也可为选取的字符添加样式。

2．应用段落样式

选择"文字"工具 T，在段落文本中单击插入光标，如图 7-258 所示。在"段落样式"面板中单击需要的段落样式名称，如图 7-259 所示，为选取的段落添加样式，效果如图 7-260 所示。

图 7-258　　　　　　　　　图 7-259　　　　　　　　　图 7-260

在"控制面板"中单击"快速应用"按钮 ，弹出"快速应用"面板，单击需要的段落样式，或按下定义的快捷键，也可为选取的段落添加样式。

3．编辑样式

在"段落样式"面板中，用鼠标右键单击要编辑的样式名称，在弹出的菜单中选择"编辑［样式名称］"命令，如图 7-261 所示，弹出"段落样式选项"对话框，如图 7-262 所示，设置需要的选项，单击"确定"按钮即可。

图 7-261　　　　　　　　　　　　　　　　　　图 7-262

在"段落样式"面板中，双击要编辑的样式名称，或者在选择要编辑的样式后，单击面板右上方的图标，在弹出的菜单中选择"样式选项"命令，弹出"段落样式选项"对话框，设置需要的选项，单击"确定"按钮即可。字符样式的编辑与段落样式相似，故这里不再赘述。

注意 单击或双击样式会将该样式应用于当前选定的文本或文本框架，如果没有选定任何文本或文本框架，则会将该样式设置为新框架中输入的任何文本的默认样式。

4．删除样式

在"段落样式"面板中，选取需要的段落样式，如图 7-263 所示。单击面板下方的"删除选定样式/组"按钮 ，或单击右上方的图标，在弹出的菜单中选择"删除样式"命令，如图 7-264 所示，删除选取的段落样式，面板如图 7-265 所示。

图 7-263　　　　　　　　　　　　图 7-264　　　　　　　　　　　　图 7-265

在要删除的段落样式上单击鼠标右键，在弹出的快捷菜单中单击"删除样式"命令，也可删除选取的样式。在"字符样式"面板中"删除样式"的方法与段落样式相似，故这里不再赘述。

提示 要删除所有未使用的样式，在"段落样式"面板中单击右上方的图标 ，在弹出的菜单中选择"选择所有未使用的"命令，选取所有未使用的样式，单击"删除选定样式/组"按钮 。当删除未使用的样式时，不会提示替换该样式。

5. 清除段落样式优先选项

当将不属于某个样式的格式应用于这种样式的文本时，此格式称为优先选项。当选择含优先选项的文本时，样式名称旁会显示一个加号（+）。

选择"文字"工具 ，在有优先选项的文本中单击插入光标，如图 7-266 所示。单击"段落样式"面板中的"清除选区中的优先选项"按钮 ，或单击面板右上方的图标 ，在弹出的菜单中选择"清除优先选项"命令，如图 7-267 所示，删除段落样式的优先选项，如图 7-268 所示。

图 7-266　　　　　　　　　图 7-267　　　　　　　　　图 7-268

7.5　课堂练习——制作红酒折页

【练习知识要点】使用置入命令和不透明度命令制作背景图案，使用文字工具、置入命令制作宣传性文字，使用投影命令制作图片的投影效果。使用钢笔工具和描边面板制作云图形，使用文字工具、矩形工具制作装饰文字，如图 7-269 所示。

【效果所在位置】光盘/Ch07/效果/制作红酒折页.indd。

图 7-269

7.6　课后习题——制作报纸版面

【习题知识要点】使用文字工具、投影命令和渐变色板工具制作报纸标题栏，使用直线工具划分区域，使用椭圆工具、描边面板和文字工具制作区域文字，使用置入命令和文本绕排命令制作绕排效果，使用段落面板制作并应用文本的段落样式，如图 7-270 所示。

【效果所在位置】光盘/Ch07/效果/制作报纸版面.indd。

图 7-270

第8章

表格与图层

InDesign CS5 具有强大的表格和图层编辑功能。通过本章的学习，读者可以了解并掌握表格绘制和编辑的方法以及图层的操作技巧，还可以快速地创建复杂而美观的表格，并准确地使用图层编辑出需要的版式文件。

课堂学习目标

- 表格
- 图层的操作

8.1　表格

表格是由单元格的行和列组成的。单元格类似于文本框架，可在其中添加文本、随文图。下面具体介绍表格的创建和使用方法。

8.1.1　课堂案例——制作汽车广告

【案例学习目标】学习使用文字工具、表格制作汽车广告。

【案例知识要点】使用文字工具添加广告语，使用矩形工具制作装饰矩形，使用插入表命令插入表格并添加文字，使用合并单元格命令合并选取的单元格，如图 8-1 所示。

【效果所在位置】光盘/Ch08/效果/制作汽车广告.indd。

图 8-1

1．置入图片并绘制装饰图形

（1）选择"文件 > 新建 > 文档"命令，弹出"新建文档"对话框，如图 8-2 所示。单击"边距和分栏"按钮，弹出"新建边距和分栏"对话框，选项设置如图 8-3 所示，单击"确定"按钮，新建一个页面。选择"视图 > 其他 > 隐藏框架边缘"命令，将所绘制图形的框架边缘隐藏。

图 8-2

图 8-3

（2）选择"矩形"工具 ，在页面中拖曳鼠标绘制矩形，设置填充色的 CMYK 值为 14、14、21、10，填充图形，并设置描边色为无，效果如图 8-4 所示。取消图形的选取状态，按<Ctrl>+<D>组合键，弹出"置入"对话框，选择光盘中的"Ch08 > 素材 > 制作汽车广告 > 01"文件，单击"打开"按钮，在页面空白处单击鼠标左键置入图片。选择"选择"工具 ，拖曳图片到适当的位置，效果如图 8-5 所示。

图 8-4

图 8-5

（3）选择"选择"工具 ，按住<Shift>键的同时，将底图和图片同时选取。按<Shift>+<F7>组合键，弹出"对齐"面板，如图 8-6 所示，单击"水平居中对齐"按钮 ，效果如图 8-7 所示。

图 8-6

图 8-7

（4）取消图形的选取状态，按<Ctrl>+<D>组合键，弹出"置入"对话框，选择光盘中的"Ch08 > 素材 > 制作汽车广告 > 02"文件，单击"打开"按钮，在页面空白处单击鼠标左键置入图片。选择"选择"工具 ，拖曳图片到适当的位置并调整其大小，效果如图 8-8 所示。按住<Shift>键的同时，将白色图片和汽车图片同时选取，按<Shift>+<F7>组合键，弹出"对齐"面板，单击"水平居中对齐"按钮 ，对齐效果如图 8-9 所示。

图 8-8

图 8-9

（5）选择"文字"工具 ，在适当的位置分别拖曳文本框，输入需要的文字。分别选取输入的文字，在"控制面板"中选择合适的字体并设置文字大小。选择"选择"工具 ，按住<Shift>键的同时，将两个文本框同时选取，效果如图 8-10 所示。单击工具箱下方的"格式针对文本"按钮 ，设置填充色为白色，填充文字，并设置描边色的 CMYK 值为 100、40、0、50，填充描边，效果如图 8-11 所示。

图 8-10

图 8-11

2. 置入并编辑图片

（1）选择"矩形"工具 ，按住<Shift>键的同时，在适当的位置绘制矩形。设置填充色为白色，填充图形，并设置描边色的 CMYK 值为 14、14、21、10，填充描边。在"控制面板"中将"描边粗细" ![0.283] 选项设置为 6.5 点，按<Enter>键，效果如图 8-12 所示。

（2）取消图形的选取状态，按<Ctrl>+<D>组合键，弹出"置入"对话框，选择光盘中的"Ch08 > 素材 > 制作汽车广告 > 03"文件，单击"打开"按钮，在页面空白处单击鼠标左键置入图片。选择"选择"工具 ，拖曳图片到适当的位置并调整其大小，效果如图 8-13 所示。

图 8-12   图 8-13

（3）保持图片的选取状态，按<Ctrl>+<X>组合键，将其剪切。选择"选择"工具 ，选择矩形图形，如图 8-14 所示，选择"编辑 > 贴入内部"命令，将图片贴入矩形的内部，效果如图 8-15 所示。使用相同的方法置入 04、05 图片制作出的效果如图 8-16 所示。

图 8-14   图 8-15   图 8-16

（4）选择"选择"工具 ，按住<Shift>键的同时，将需要的图形同时选取，如图 8-17 所示，分别单击"对齐"面板中的"垂直居中对齐"按钮 和"水平居中分布"按钮 ，效果如图 8-18 所示。

图 8-17   图 8-18

（5）选择"文字"工具 ，在适当的位置拖曳文本框，输入需要的文字。选取输入的文字，在"控制面板"中选择合适的字体并设置文字大小，效果如图 8-19 所示。在"控制面板"中将"行距" ![0] 选项设置为 18 点，按<Enter>键，效果如图 8-20 所示。

图 8-19　　　　　　　　　　　　　　　　　　图 8-20

（6）保持文字的选取状态，单击"控制面板"右方的按钮▾≡，在弹出的菜单中选择"项目符号和编号"命令，弹出"项目符号和编号"对话框，在"列表类型"选项中选择"项目符号"，激活下方选项，单击"添加"按钮，弹出"添加项目符号"对话框，选项的设置如图 8-21 所示，单击"确定"按钮，返回到"项目符号和编号"对话框中，选项的设置如图 8-22 所示，单击"确定"按钮。在页面空白处单击，取消选取状态，效果如图 8-23 所示。

图 8-21　　　　　　　　　　图 8-22　　　　　　　　　图 8-23

3．绘制并编辑表格

（1）选择"文字"工具 T，在页面中拖曳出一个文本框。选择"表 > 插入表"命令，在弹出的对话框中进行设置，如图 8-24 所示。单击"确定"按钮，效果如图 8-25 所示。

图 8-24　　　　　　　　　　　　　　　　　图 8-25

（2）将鼠标移到表第一行的下边缘，当鼠标指针变为图标 ↕ 时，按住鼠标向下拖曳，如图 8-26 所示，松开鼠标左键，效果如图 8-27 所示。

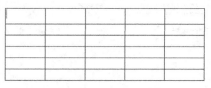

图 8-26　　　　　　　　　　　　　　　图 8-27

（3）将鼠标移到表最后一行的左边缘，当鼠标指针变为图标 ➡ 时，单击鼠标左键，最后一行被选中，如图 8-28 所示。选择"表 > 合并单元格"命令，将选取的表格合并，效果如图 8-29 所示。

图 8-28   图 8-29

（4）将鼠标移到表的右边缘，鼠标指针变为图标↔，按住<Shift>键的同时，向左拖曳鼠标，如图 8-30 所示，松开鼠标左键，效果如图 8-31 所示。

图 8-30   图 8-31

（5）选择"窗口 > 色板"命令，弹出"色板"面板，单击面板右上方的图标，在弹出的菜单中选择"新建颜色色板"命令，弹出"新建颜色色板"对话框，选项的设置如图 8-32 所示，单击"确定"按钮，在"色板"面板中生成新的色板，如图 8-33 所示。

图 8-32   图 8-33

（6）选择"表 > 表选项 > 交替填色"命令，弹出"表选项"对话框，单击"交替模式"选项右侧的按钮，在弹出的下拉列表中选择"每隔一行"选项。单击"颜色"选项右侧的按钮，在弹出的色板中选择刚设置的色板，如图 8-34 所示。单击"确定"按钮，效果如图 8-35 所示。

图 8-34   图 8-35

4. 添加相关的产品信息

（1）分别在表格中输入需要的文字，使用"文字"工具 T，分别选取表格中的文字，在"控制面板"中选择合适的字体并设置文字大小，效果如图 8-36 所示。将表格中的文字同时选取，按 <Alt>+<Ctrl>+<T>组合键，弹出"段落"面板，单击"居中对齐"按钮 ，如图 8-37 所示，效果如图 8-38 所示。

图 8-36　　　　　　　　　　　　　　　　　　图 8-37

图 8-38

（2）选取需要的文字，如图 8-39 所示。按<Shift>+<F9>组合键，弹出"表"面板，将"列宽"选项设置为 17 毫米，并单击"居中对齐"按钮 ，如图 8-40 所示，效果如图 8-41 所示。

图 8-39　　　　　　　　　　　　　　　　　　图 8-40

图 8-41

（3）选取需要的文字，如图 8-42 所示。在"表"面板中，将"列宽"选项设置为 23.97 毫米，并单击"居中对齐"按钮 ，如图 8-43 所示，效果如图 8-44 所示。

图 8-42　　　　　　　　　　　　　　　　　　图 8-43

车型名称	乐风 TC 2012 款 1.8TSI 尊贵型	乐风 TC 2012 款 1.8TSI 豪华型	乐风 TC 2012 款 2.0TSI 尊贵型	乐风 TC 2012 款 2.0TSI 豪华型
发动机	1.8T 160 马力 L4	1.8T 160 马力 L4	2.0T 200 马力 L4	2.0T 200 马力 L4
变速箱	7 挡双离合	7 挡双离合	6 挡双离合	6 挡双离合
车身结构	4 门 5 座三厢车	4 门 5 座三厢车	4 门 5 座三厢车	4 门 5 座三厢车
进气形式	涡轮增压	涡轮增压	涡轮增压	涡轮增压
4799*1855*1417				

图 8-44

（4）选取需要的文字，如图 8-45 所示。在"表"面板中，将"行高"选项设置为 5.3 毫米，按<Enter>键，如图 8-46 所示，效果如图 8-47 所示。

图 8-45   图 8-46

图 8-47

（5）选取需要的文字，在"表"面板中，单击"居中对齐"按钮，如图 8-48 所示，效果如图 8-49 所示。

车型名称	乐风 TC 2012 款 1.8TSI 尊贵型	乐风 TC 2012 款 1.8TSI 豪华型	乐风 TC 2012 款 2.0TSI 尊贵型	乐风 TC 2012 款 2.0TSI 豪华型
发动机	1.8T 160 马力 L4	1.8T 160 马力 L4	2.0T 200 马力 L4	2.0T 200 马力 L4
变速箱	7 挡双离合	7 挡双离合	6 挡双离合	6 挡双离合
车身结构	4 门 5 座三厢车	4 门 5 座三厢车	4 门 5 座三厢车	4 门 5 座三厢车
进气形式	涡轮增压	涡轮增压	涡轮增压	涡轮增压
4799*1855*1417				

图 8-48   图 8-49

（6）选择"选择"工具，选取表格，将其拖曳到适当的位置，如图 8-50 所示。在页面空白处单击，取消表格的选取状态，汽车广告制作完成，效果如图 8-51 所示。

图 8-50   图 8-51

8.1.2 表的创建

1. 创建表

选择"文字"工具 $\boxed{T}$ ，在需要的位置拖曳文本框或在要创建表的文本框中单击插入光标，如图 8-52 所示。选择"表 > 插入表"命令，或按<Ctrl>+<Shift>+<Alt>+<T>组合键，弹出"插入表"对话框，如图 8-53 所示。

图 8-52

图 8-53

"正文行"、"列"选项：指定正文行中的水平单元格数以及列中的垂直单元格数。

"表头行"、"表尾行"选项：若表内容跨多个列或多个框架，指定要在其中重复信息的表头行或表尾行的数量。

设置需要的数值，如图 8-54 所示，单击"确定"按钮，效果如图 8-55 所示。

图 8-54

图 8-55

2. 在表中添加文本和图形

选择"文字"工具 $\boxed{T}$ ，在单元格中单击插入光标，输入需要的文本。在需要的单元格中单击插入光标，如图 8-56 所示。选择"文件 > 置入"命令，弹出"置入"对话框，选取需要的图形，单击"打开"按钮，置入需要的图形，效果如图 8-57 所示。

图 8-56

图 8-57

选择"选择"工具 ，选取需要的图形，如图 8-58 所示。按<Ctrl>+<X>组合键（或按<Ctrl>+<C>组合键），剪切（或复制）需要的图形，选择"文字"工具 T，在单元格中单击插入光标，如图 8-59 所示。按<Ctrl>+<V>组合键，将图形粘入表中，效果如图 8-60 所示。

图 8-58　　　　　　　　　　图 8-59　　　　　　　　　　　图 8-60

3．在表中移动光标

⊙ 按<Tab>键移动

按<Tab>键可以后移一个单元格。若在最后一个单元格中按<Tab>键，则会新建一行。

按<Shift>+<Tab>键可以前移一个单元格。如果在第一个单元格中按<Shift>+<Tab>键，插入点将移至最后一个单元格。

⊙ 使用方向键移动

如果在插入点位于直排表中某行的最后一个单元格的末尾时按向下方向键，则插入点会移至同一行中第一个单元格的起始位置。同样，如果在插入点位于直排表中某列的最后一个单元格的末尾时按向左方向键，则插入点会移至同一列中第一个单元格的起始位置。

⊙ 跳转到表中的特定行

选择"文字"工具 T，在表中单击插入光标，如图 8-61 所示。选择"表 > 转至行"命令，弹出"转至行"对话框，指定要转到的行，如图 8-62 所示，单击"确定"按钮，如图 8-63 所示。

若当前表中定义了表头行或表尾行，则在菜单中选择"表头"或"表尾"，单击"确定"按钮即可。

图 8-61　　　　　　　　　　图 8-62　　　　　　　　　　　图 8-63

8.1.3　选择并编辑表

1．选择表单元格、行和列或整个表

⊙ 选择单元格

选择"文字"工具 T，在要选取的单元格内单击，或选取单元格中的文本，选择"表 > 选

择 > 单元格"命令，选取单元格。

选择"文字"工具 T.，在单元格中拖动，选取需要的单元格。小心不要拖动行线或列线，否则会改变表的大小。

⊙ 选择整行或整列

选择"文字"工具 T.，在要选取的单元格内单击，或选取单元格中的文本，选择"表 > 选择 > 行/列"命令，选取整行或整列。

选择"文字"工具 T.，将指针移至表中需要选取的列的上边缘，当指针变为箭头形状↓时，如图 8-64 所示，单击鼠标左键，选取整列，如图 8-65 所示。

姓名	语文	历史	政治
张三	90	85	99
李四	70	90	95
王五	67	89	79

图 8-64

姓名	语文	历史	政治
张三	90	85	99
李四	70	90	95
王五	67	89	79

图 8-65

选择"文字"工具 T.，将指针移至表中行的左边缘，当指针变为箭头形状→时，如图 8-66 所示，单击鼠标左键，选取整行，如图 8-67 所示。

姓名	语文	历史	政治
张三	90	85	99
李四	70	90	95
王五	67	89	79

图 8-66

姓名	语文	历史	政治
张三	90	85	99
李四	70	90	95
王五	67	89	79

图 8-67

⊙ 选择整个表

选择"文字"工具 T.，直接选取单元格中的文本或在要选取的单元格内单击，插入光标，选择"表 > 选择 > 表"命令，或按<Ctrl>+<Alt>+<A>组合键，选取整个表。

选择"文字"工具 T.，将指针移至表的左上方，当指针变为箭头形状↘时，如图 8-68 所示，单击鼠标左键，选取整个表，如图 8-69 所示。

姓名	语文	历史	政治
张三	90	85	99
李四	70	90	95
王五	67	89	79

图 8-68

姓名	语文	历史	政治
张三	90	85	99
李四	70	90	95
王五	67	89	79

图 8-69

2．插入行和列

⊙ 插入行

选择"文字"工具 T.，在要插入行的前一行或后一行中的任一单元格中单击，插入光标，如图 8-70 所示。选择"表 > 插入 > 行"命令，或按<Ctrl>+<9>组合键，弹出"插入行"对话框，如图 8-71 所示。

图 8-70　　　　　　　　　　　　　图 8-71

在"行数"选项中输入需要插入的行数，指定新行应该显示在当前行的上方还是下方。

设置需要的数值，如图 8-72 所示，单击"确定"按钮，效果如图 8-73 所示。

图 8-72　　　　　　　　　　　　　图 8-73

选择"文字"工具 T，在表中的最后一个单元格中单击插入光标，如图 8-74 所示。按<Tab>键，可插入一行，效果如图 8-75 所示。

图 8-74　　　　　　　　　　　　　图 8-75

⊙ 插入列

选择"文字"工具 T，在要插入列的前一列或后一列中的任一单元格中单击，插入光标，如图 8-76 所示。选择"表 > 插入 > 列"命令，或按<Ctrl>+<Alt>+<9>组合键，弹出"插入列"对话框，如图 8-77 所示。

图 8-76　　　　　　　　　　　　　图 8-77

在"列数"选项中输入需要插入的列数，指定新列应该显示在当前列的左侧还是右侧。

设置需要的数值，如图 8-78 所示，单击"确定"按钮，效果如图 8-79 所示。

图 8-78

图 8-79

⊙ 插入多行和多列

选择"文字"工具 T，在表中任一位置单击插入光标，如图 8-80 所示。选择"表 > 表选项 > 表设置"命令，弹出"表选项"对话框，如图 8-81 所示。

图 8-80

图 8-81

在"表尺寸"选项组中的"正文行"、"表头行"、"列"和"表尾行"选项中输入新表的行数和列数，可将新行添加到表的底部，新列则添加到表的右侧。

设置需要的数值，如图 8-82 所示，单击"确定"按钮，效果如图 8-83 所示。

图 8-82

图 8-83

选择"文字"工具 T，在表中任一位置单击插入光标，如图 8-84 所示。选择"窗口 > 文字和表 > 表"命令，或按<Shift>+<F9>组合键，弹出"表"面板，如图 8-85 所示，在"行数"和"列数"选项中分别输入需要的数值，如图 8-86 所示，按<Enter>键，效果如图 8-87 所示。

| 图 8-84 | 图 8-85 | 图 8-86 | 图 8-87 |

⊙　通过拖曳的方式插入行或列

选择"文字"工具 T，将光标放置在要插入列的前一列边框上，光标变为图标 ↔，如图 8-88 所示，按住<Alt>键向右拖曳鼠标，如图 8-89 所示，松开鼠标左键，效果如图 8-90 所示。

| 图 8-88 | 图 8-89 | 图 8-90 |

选择"文字"工具 T，将光标放置在要插入行的前一行的边框上，光标变为图标 ↕，如图 8-91 所示，按住<Alt>键向下拖曳鼠标，如图 8-92 所示，松开鼠标，效果如图 8-93 所示。

| 图 8-91 | 图 8-92 | 图 8-93 |

注意　对于横排表中表的上边缘或左边缘，或者对于直排表中表的上边缘或右边缘，不能通过拖动来插入行或列，这些区域用于选择行或列。

3. 删除行、列或表

选择"文字"工具 T，在要删除的行、列或表中单击，或选取表中的文本。选择"表 > 删除 > 行、列或表"命令，删除行、列或表。

选择"文字"工具 T，在表中任一位置单击插入光标。选择"表 > 表选项 > 表设置"命令，弹出"表选项"对话框，在"表尺寸"选项组中输入新的行数和列数，单击"确定"按钮，可删除行、列和表。行从表的底部被删除，列从表的左侧被删除。

选择"文字"工具 T，将指针放置在表的下边框或右边框上，当光标显示为图标（ ↕ 或 ↔ ）时。按住鼠标左键，在向上拖曳或向左拖曳时按住<Alt>键，分别删除行或列。

8.1.4　设置表的格式

1．调整行、列或表的大小

⊙　调整行和列的大小

选择"文字"工具 T，在要调整行或列的任一单元格中单击插入光标，如图 8-94 所示。选择"表 > 单元格选项 > 行和列"命令，弹出"单元格选项"对话框，如图 8-95 所示，在"行高"和"列宽"选项中输入需要的行高和列宽数值，如图 8-96 所示，单击"确定"按钮，效果如图 8-97 所示。

姓名	语文	历史	政治
张三	90	85	99
李四	70|	90	95
王五	67	89	79

图 8-94

图 8-95

图 8-96

姓名	语文	历史	政治
张三	90	85	99
李四	70	90	95
王五	67	89	79

图 8-97

选择"文字"工具 T，在行或列的任一单元格中单击插入光标，如图 8-98 所示。选择"窗口 > 文字和表 > 表"命令，或按<Shift>+<F9>组合键，弹出"表"面板，如图 8-99 所示，在"行高"和"列宽"选项中分别输入需要的数值，如图 8-100 所示，按<Enter>键，效果如图 8-101 所示。

191

姓名	语文	历史	政治
张三	90	85	99
李四	70	90	95
王五	67	89	79

图 8-98

图 8-99

图 8-100

姓名	语文	历史	政治
张三	90	85	99
李四	70	90	95
王五	67	89	79

图 8-101

选择"文字"工具 T，将指针放置在列或行的边缘上，当光标变为图标 ↔（或 ↕）时，向左或向右拖曳以增加或减小列宽，向上或向下拖曳以增加或减小行高。

⊙ 在不改变表宽的情况下调整行高和列宽

选择"文字"工具 T，将指针放置在要调整宽度的列边缘上，光标变为图标 ↔，如图 8-102 所示，按住<Shift>键的同时，向右（或向左）拖曳鼠标，如图 8-103 所示，增大（或减小）列宽，效果如图 8-104 所示。

姓名	语文	历史	政治
张三	90	85	99
李四	70 ↔	90	95
王五	67	89	79

图 8-102

姓名	语文	历史	政治
张三	90	85	99
李四	70 ↔	90	95
王五	67	89	79

图 8-103

姓名	语文	历史	政治
张三	90	85	99
李四	70	90	95
王五	67	89	79

图 8-104

选择"文字"工具 T，将指针放置在要调整行高的行边缘上，用相同的方法上下拖曳鼠标，可在不改变表高的情况下改变行高。

选择"文字"工具 T，将指针放置在表的下边缘，光标变为图标 ↕，如图 8-105 所示，按住<Shift>键向下（或向上）拖曳鼠标，如图 8-106 所示，增大（或减小）行高，效果如图 8-107 所示。

姓名	语文	历史	政治
张三	90 ↕	85	99
李四	70	90	95
王五	67	89	79

图 8-105

姓名	语文	历史	政治
张三	90	85	99
李四	70 ↕	90	95
王五	67	89	79

图 8-106

姓名	语文	历史	政治
张三	90	85	99
李四	70	90	95
王五	67	89	79

图 8-107

选择"文字"工具 T，将指针放置在表的右边缘，用相同的方法左右拖曳鼠标，可在不改变表高的情况下按比例改变列宽。

⊙ 调整整个表的大小

选择"文字"工具 T，将指针放置在表的右下角，光标变为图标 ↘，如图 8-108 所示，向右下方（或向左上方）拖曳鼠标，如图 8-109 所示，增大（或减小）表的大小，效果如图 8-110 所示。

姓名	语文	历史	政治
张三	90	85	99
李四	70	90	95
王五	67	89	79

图 8-108

姓名	语文	历史	政治
张三	90	85	99
李四	70	90	95
王五	67	89	79

图 8-109

姓名	语文	历史	政治
张三	90	85	99
李四	70	90	95
王五	67	89	79

图 8-110

⊙ 均匀分布行和列

选择"文字"工具 T，选取要均匀分布的行，如图 8-111 所示。选择"表 > 均匀分布行"命令，均匀分布选取的单元格所在的行，取消文字的选取状态，效果如图 8-112 所示。

姓名	语文	历史	政治
张三	90	85	99
李四	70	90	95
王五	67	89	79

图 8-111

姓名	语文	历史	政治
张三	90	85	99
李四	70	90	95
王五	67	89	79

图 8-112

选择"文字"工具 T，选取要均匀分布的列，如图 8-113 所示。选择"表 > 均匀分布列"命令，均匀分布选取的单元格所在的列，取消文字的选取状态，效果如图 8-114 所示。

姓名	语文	历史	政治
张三	90	85	99
李四	70	90	95
王五	67	89	79

图 8-113

姓名	语文	历史	政治
张三	90	85	99
李四	70	90	95
王五	67	89	79

图 8-114

2. 设置表中文本的格式

⊙ 更改表单元格中文本的对齐方式

选择"文字"工具 T，选取要更改文字对齐方式的单元格，如图 8-115 所示。选择"表 > 单元格选项 > 文本"命令，弹出"单元格选项"对话框，如图 8-116 所示，在"垂直对齐"选项组中分别选取需要的对齐方式，单击"确定"按钮，效果如图 8-117 所示。

姓名	语文	历史	政治
张三	90	85	99
李四	70	90	95
王五	67	89	79

图 8-115

图 8-116

姓名	语文	历史	政治
张三	90	85	99
李四	70	90	95
王五	67	89	79

上对齐

姓名	语文	历史	政治
张三	90	85	99
李四	70	90	95
王五	67	89	79

居中对齐（原）

姓名	语文	历史	政治
张三	90	85	99
李四	70	90	95
王五	67	89	79

下对齐

姓名	语文	历史	政治
张三	90	85	99
李四	70	90	95
王五	67	89	79

撑满

图 8-117

⊙ 旋转单元格中的文本

选择"文字"工具 T，选取要旋转文字的单元格，如图 8-118 所示。选择"表 > 单元格选项 > 文本"命令，弹出"单元格选项"对话框，在"文本旋转"选项组中的"旋转"选项中选取需要的旋转角度，如图 8-119 所示，单击"确定"按钮，效果如图 8-120 所示。

姓名	语文	历史	政治
张三	90	85	99
李四	70	90	95
王五	67	89	79

图 8-118

图 8-119

姓名	语文	历史	政治
张三	90	85	99
李四	70	90	95
王五	67	89	79

图 8-120

3. 合并和拆分单元格

⊙ 合并单元格

选择"文字"工具 T，选取要合并的单元格，如图 8-121 所示。选择"表 > 合并单元格"命令，合并选取的单元格，取消选取状态，效果如图 8-122 所示。

选择"文字"工具 T.，在合并后的单元格中单击插入光标，如图 8-123 所示。选择"表 > 取消合并单元格"命令，可取消单元格的合并，效果如图 8-124 所示。

	成绩单		
姓名	语文	历史	政治
张三	90	85	99
李四	70	90	95
王五	67	89	79

图 8-121　　　　　　图 8-122　　　　　　图 8-123　　　　　　图 8-124

⊙　拆分单元格

选择"文字"工具 T.，选取要拆分的单元格，如图 8-125 所示。选择"表 > 水平拆分单元格"命令，水平拆分选取的单元格，取消选取状态，效果如图 8-126 所示。

选择"文字"工具 T.，选取要拆分的单元格，如图 8-127 所示。选择"表 > 垂直拆分单元格"命令，垂直拆分选取的单元格，取消选取状态，效果如图 8-128 所示。

图 8-125　　　　　　图 8-126　　　　　　图 8-127　　　　　　图 8-128

8.1.5　表格的描边和填色

1. 更改表边框的描边和填色

选择"文字"工具 T.，在表中单击插入光标，如图 8-129 所示。选择"表 > 表选项 > 表设置"命令，弹出"表选项"对话框，如图 8-130 所示。

图 8-129　　　　　　　　　　图 8-130

"表外框"选项组：指定表框所需的粗细、类型、颜色、色调、间隙颜色和间隙色调。

"保留本地格式"选项：个别单元格的描边格式不被覆盖。

设置需要的数值，如图 8-131 所示，单击"确定"按钮，效果如图 8-132 所示。

图 8-131　　　　　　　　　　　图 8-132

2. 为单元格添加描边和填色

⊙ 使用单元格选项添加描边和填色

选择"文字"工具 T，在表中选取需要的单元格，如图 8-133 所示。选择"表 > 单元格选项 > 描边和填色"命令，弹出"单元格选项"对话框，如图 8-134 所示。

图 8-133　　　　　　　　　　　图 8-134

在"单元格描边"选项组中的预览区域中，单击蓝色线条，可以取消线条的选取状态，线条呈灰色状态，将不能描边。在其他选项中指定线条所需的粗细、类型、颜色、色调和间隙颜色。

在"单元格填色"选项组中指定单元格所需的颜色和色调。

设置需要的数值，如图 8-135 所示，单击"确定"按钮，取消选取状态，如图 8-136 所示。

图 8-135　　　　　　　　　　　图 8-136

⊙　使用描边面板添加描边

选择"文字"工具 T，在表中选取需要的单元格，如图 8-137 所示。选择"窗口 > 描边"命令，或按<F10>键，弹出"描边"面板，在预览区域中取消不需要添加描边的线条，其他选项的设置如图 8-138 所示，按<Enter>键，取消选取状态，效果如图 8-139 所示。

图 8-137　　　　　　　　　　　图 8-138　　　　　　　　　　　图 8-139

3. 为单元格添加对角线

选择"文字"工具 T，在要添加对角线的单元格中单击插入光标，如图 8-140 所示。选择"表>单元格选项 > 对角线"命令，弹出"单元格选项"对话框，如图 8-141 所示。

图 8-140　　　　　　　　　　　　　　　图 8-141

单击要添加的对角线类型按钮：从左上角到右下角的对角线按钮 、从右上角到左下角的对角线按钮 、交叉对角线按钮 。在"线条描边"选项组中指定对角线所需的粗细、类型、颜色和间隙；指定"色调"百分比和"叠印描边"选项。

"绘制"选项：选择"对角线置于最前"将对角线放置在单元格内容的前面；选择"内容置于最前"将对角线放置在单元格内容的后面。

设置需要的数值，如图 8-142 所示，单击"确定"按钮，效果如图 8-143 所示。

图 8-142　　　　　　　　　　　图 8-143

4．在表中交替进行描边和填色

⊙ 为表添加交替描边

选择"文字"工具 $\boxed{T}$ ，在表中单击插入光标，如图 8-144 所示。选择"表 > 表选项 > 交替行线"命令，弹出"表选项"对话框，在"交替模式"选项中选取需要的模式类型，激活下方选项，如图 8-145 所示。

图 8-144

图 8-145

在"交替"选项组中设置第一种模式和后续模式描边或填色选项。

在"跳过前"和"跳过最后"选项中指定表的开始和结束处不显示描边属性的行数或列数。

设置需要的数值，如图 8-146 所示，单击"确定"按钮，效果如图 8-147 所示。

图 8-146

图 8-147

选择"文字"工具 $\boxed{T}$ ，在表中单击插入光标，选择"表 > 表选项 > 交替列线"命令，弹出"表选项"对话框，用相同的方法设置选项，可以为表添加交替列线。

⊙ 为表添加交替填充

选择"文字"工具 $\boxed{T}$ ，在表中单击插入光标，如图 8-148 所示。选择"表 > 表选项 > 交替填色"命令，弹出"表选项"对话框，在"交替模式"选项中选取需要的模式类型，激活下方选项。设置需要的数值，如图 8-149 所示，单击"确定"按钮，效果如图 8-150 所示。

图 8-148	图 8-149	图 8-150

⊙　关闭表中的交替描边和交替填色

选择"文字"工具 T，在表中单击插入光标，选择"表 > 表选项 > 交替填色"命令，弹出"表选项"对话框，在"交替模式"选项中选取"无"，单击"确定"按钮，即可关闭表中的交替填色。

8.2　图层的操作

在 InDesign CS5 中，通过使用多个图层，可以创建和编辑文档中的特定区域，而不会影响其他区域或其他图层的内容。下面具体介绍图层的使用方法和操作技巧。

8.2.1　课堂案例——制作房地产广告

【案例学习目标】学习使用置入命令、文字工具和图层面板制作房地产广告。

【案例知识要点】使用置入命令和贴入内部命令置入并编辑图片，使用文字工具添加广告标题，使用矩形工具绘制装饰图形，使用图层面板创建多个图层，如图 8-151 所示。

图 8-151

【效果所在位置】光盘/Ch08/效果/制作房地产广告.indd。

1．制作背景效果

（1）选择"文件 > 新建 > 文档"命令，弹出"新建文档"对话框，如图 8-152 所示，单击"边距和分栏"按钮，弹出"新建边距与分栏"对话框，选项的设置如图 8-153 所示，单击"确定"按钮，新建一个页面。选择"视图 > 其他 > 隐藏框架边缘"命令，将所绘制图形的框架边缘隐藏。

图 8-152

图 8-153

（2）选择"窗口 > 图层"命令，弹出"图层"面板，双击"图层 1"，弹出"图层选项"对话框，选项的设置如图 8-154 所示，单击"确定"按钮，"图层"面板如图 8-155 所示。

图 8-154

图 8-155

（3）选择"矩形"工具，在页面中绘制一个矩形，并填充图形为白色，效果如图 8-156 所示。选择"图层"面板，单击"图层"面板右上方的图标，在弹出的菜单中选择"新建图层"命令，弹出"新建图层"对话框，选项的设置如图 8-157 所示，单击"确定"按钮，新建"图片"图层。

图 8-156

图 8-157

（4）选择"矩形"工具，在适当的位置绘制矩形，填充图形为黑色，并设置描边色为无，效果如图 8-158 所示，取消图形的选取状态。选择"文件 > 置入"命令，弹出"置入"对话框，选择光盘中的"Ch08 > 素材 > 制作房地产广告 > 01"文件，单击"打开"按钮，在页面空白处单击鼠标左键置入图片，选择"自由变换"工具，拖电图片到适当的位置并调整其大小，效果如图 8-159 所示。

（5）保持图形选取状态。按<Ctrl>+<X>组合键，将图片剪切到剪贴板上。选择"选择"工具，单击下方的黑色矩形，选择"编辑 > 贴入内部"命令，将图片贴入到矩形内部，效果如图 8-160 所示。

图 8-158

图 8-159

图 8-160

2．添加广告标题及图片

（1）单击"图层"面板下方的"创建新图层"按钮 ，新建一个图层，双击图层，弹出"图层选项"对话框，将"名称"选项设置为"标题文字"，单击"确定"按钮，"图层"面板如图 8-161所示。

（2）选择"文字"工具 ，在页面中拖曳一个文本框，输入需要的文字。将输入的文字选取，在"控制面板"中选择合适的字体并设置文字大小，效果如图 8-162 所示。在"控制面板"中将"行距" 选项设置为 40 点，设置填充色的 CMYK 值为 100、30、100、60，填充文字，取消文字的选取状态，效果如图 8-163 所示。

图 8-161　　　　　　　　　　　图 8-162　　　　　　　　　　　图 8-163

（3）选择"文字"工具 ，选取文字"自"，在"控制面板"中设置文字的大小，效果如图8-164 所示，在"控制面板"中将"基线偏移" 选项设置为 5 点，按<Enter>键，取消文字的选取状态，效果如图 8-165 所示。用相同方法编辑文字"景"，文字效果如图 8-166 所示。

图 8-164　　　　　　　　　　　图 8-165　　　　　　　　　　　图 8-166

（4）选择"文字"工具 ，选取文字"美"，在"控制面板"中设置文字的大小，并将"基线偏移" 选项设置为-10 点，按<Enter>键，取消文字的选取状态，效果如图 8-167 所示。用相同方法编辑文字"活"，文字效果如图 8-168 所示。

图 8-167　　　　　　　　　　　图 8-168

（5）单击"图层"面板下方的"创建新图层"按钮 ，新建一个图层，双击图层，弹出"图层选项"对话框，将"名称"选项设置为"文字和图片"，单击"确定"按钮，"图层"面板如图8-169 所示。

（6）选择"文字"工具 ，在页面右上角拖曳一个文本框，输入需要的文字。将输入的文字选取，在"控制面板"中选择合适的字体并设置文字大小，如图 8-170 所示。在"控制面板"中将"字符间距" 选项设置为 200，按<Enter>键。并设置填充色的 CMYK 值为 100、30、100、60，填充文字，取消文字的选取状态，效果如图 8-171 所示。

图 8-169　　　　　　　　　　　图 8-170　　　　　　　　　　　图 8-171

（7）选择"文件 > 置入"命令，弹出"置入"对话框，选择光盘中的"Ch08 > 素材 > 制作房地产广告 > 02"文件，单击"打开"按钮，在页面空白处单击鼠标左键置入图片，选择"自由变换"工具，拖曳图片到适当的位置并调整其大小，效果如图 8-172 所示。

（8）保持图片选取状态。选择"选择"工具，选中右侧限位框中间的控制手柄，并将其向左拖曳到适当的位置，裁剪图片，效果如图 8-173 所示。

图 8-172　　　　　　　　　　　　　　　　图 8-173

3．添加并编辑宣传性文字

（1）单击"图层"面板下方的"创建新图层"按钮，新建一个图层，并将其重命名为"宣传性文字"，"图层"面板如图 8-174 所示。选择"矩形"工具，在页面中适当的位置绘制一个矩形，如图 8-175 所示。

图 8-174　　　　　　　　　　　　　　图 8-175

（2）选择"对象 > 角选项"命令，弹出"角选项"对话框，选项的设置如图 8-176 所示，单击"确定"按钮，效果如图 8-177 所示。

图 8-176　　　　　　　　　　　　　　图 8-177

（3）按<F10>键，弹出"描边"面板，在"类型"选项的下拉菜单中选择"圆点"，其他选项的设置如图 8-178 所示，按<Enter>键，效果如图 8-179 所示。

图 8-178　　　　　　　　　　　　　　图 8-179

（4）选择"文字"工具 ，在页面中拖曳一个文本框，输入需要的文字。将输入的文字选取，在"控制面板"中选择合适的字体并设置文字大小，取消文字的选取状态，效果如图 8-180 所示。在需要的位置单击，插入光标，如图 8-181 所示。按<Alt>+<Shift>+<F11>组合键，弹出"字形"面板，在面板中选择需要的字形，如图 8-182 所示，双击鼠标，在光标处插入字形，效果如图 8-183 所示。

图 8-180　　　　　　　　　　　　　　图 8-181

图 8-182　　　　　　　　　　　　　　图 8-183

（5）选择"文字"工具 ，选择插入字形，在"控制面板"中设置适当的字形大小，效果如图 8-184 所示。用相同的方法分别在适当的位置插入 3 个字形并设置其大小，效果如图 8-185 所示。

图 8-184　　　　　　　　　　　　　　图 8-185

（6）选择"文字"工具 T，在页面中拖曳一个文本框，输入需要的文字。将输入的文字选取，在"控制面板"中选择合适的字体并设置文字大小，如图 8-186 所示。在"控制面板"中将"行距" $\frac{TA}{A}$ 0 ▼选项设置为 13 点，按<Enter>键，取消文字的选取状态，效果如图 8-187 所示。

图 8-186   图 8-187

（7）选择"矩形"工具 ，按住<Ctrl>键的同时，在页面中适当的位置绘制一个矩形，设置填充色的 CMYK 值为 100、30、100、60，填充图形，并设置描边色为无，效果如图 8-188 所示。用相同方法再绘制两个矩形，填充相同的颜色并去除描边色，效果如图 8-189 所示。

（8）选择"文字"工具 T，在页面中拖曳文本框，输入需要的文字。将输入的文字选取，在"控制面板"中选择合适的字体并设置文字大小，取消文字的选取状态，效果如图 8-190 所示。

图 8-188   图 8-189   图 8-190

（9）在"图层"面板中单击选中"文字"图层。选择"文字"工具 T，在页面中拖曳文本框，输入需要的文字，将输入的文字选取，在"控制面板"中选择合适的字体并设置文字大小，效果如图 8-191 所示。在"控制面板"中将"行距" $\frac{TA}{A}$ 0 ▼选项设置为 14 点，按<Enter>键，取消文字的选取状态，效果如图 8-192 所示。

图 8-191   图 8-192

（10）单击"图层"面板下方的"创建新图层"按钮 ，新建一个图层，并将其重命名为"图片 2"，"图层"面板如图 8-193 所示。按<Ctrl>+<D>组合键，弹出"置入"对话框，选择光盘中的"Ch08 > 素材 > 制作房地产广告 > 03"文件，单击"打开"按钮，在页面中空白处单击鼠标左键置入图片，选择"自由变换"工具 ，拖曳图片到适当的位置并调整其大小，效果如图 8-194 所示。

图 8-193

图 8-194

（11）保持图片选取状态。选择"选择"工具 ![arrow]，分别拖曳其上方和下方中间的控制手柄到适当的位置，裁剪图片，效果如图 8-195 所示。单击"图层"面板下方的"创建新图层"按钮 ![btn]，新建一个图层，并将其重命名为"地图"，"图层"面板如图 8-196 所示。

图 8-195

图 8-196

（12）按<Ctrl>+<D>组合键，弹出"置入"对话框，选择光盘中的"Ch08 > 素材 > 制作房地产广告 > 04"文件，单击"打开"按钮，在页面中空白处单击鼠标左键置入图片，选择"自由变换"工具 ![tool]，拖曳图片到适当的位置并调整其大小，效果如图 8-197 所示。在页面中空白处单击鼠标，取消图片的选取状态。房地产广告制作完成，效果如图 8-198 所示。

图 8-197

图 8-198

8.2.2 创建图层并指定图层选项

选择"窗口 > 图层"命令，弹出"图层"面板，如图 8-199 所示。单击面板右上方的图标 ![icon]，在弹出的菜单中选择"新建图层"命令，如图 8-200 所示，弹出"新建图层"对话框，如图 8-201 所示，设置需要的选项，单击"确定"按钮，"图层"面板如图 8-202 所示。

图 8-199

图 8-200

图 8-201　　　　　　　　　　　　　　图 8-202

在"新建图层"对话框中，各选项介绍如下。

"名称"选项：输入图层的名称。

"颜色"选项：指定颜色以标识该图层上的对象。

"显示图层"选项：使图层可见并可打印。与在"图层"面板中使眼睛图标 可见的效果相同。

"显示参考线"选项：使图层上的参考线可见。如果未选此选项，即选择"视图 > 网格和参考线 > 显示参考线"命令，参考线不可见。

"锁定图层"选项：可以防止对图层上的任何对象进行更改。与在"图层"面板中使交叉铅笔图标可见的效果相同。

"锁定参考线"选项：可以防止对图层上的所有标尺参考线进行更改。

"打印图层"选项：可允许图层被打印。当打印或导出至 PDF 时，可以决定是否打印隐藏图层和非打印图层。

"图层隐藏时禁止文本绕排"选项：在图层处于隐藏状态并且该图层包含应用了文本绕排的文本时，若选择此选项，可使其他图层上的文本正常排列。

在"图层"面板中单击"创建新图层"按钮 ，可以创建新图层。双击该图层，弹出"图层选项"对话框，设置需要的选项，单击"确定"按钮，可编辑图层。

　　若要在选定图层下方创建一个新图层，按住<Ctrl>键的同时，单击"创建新图层"按钮 即可。

8.2.3　在图层上添加对象

在"图层"面板中选取要添加对象的图层，使用置入命令可以在选取的图层上添加对象。直接在页面中绘制需要的图形，也可添加对象。

提示

　　在隐藏或锁定的图层上是无法绘制或置入新对象的。

8.2.4　编辑图层上的对象

1. 选择图层上的对象

选择"选择"工具 ，可选取任意图层上的图形对象。

按住<Alt>键的同时，单击"图层"面板中的图层，可选取当前图层上的所有对象。

2. 移动图层上的对象

选择"选择"工具 ，选取要移动的对象，如图 8-203 所示。在"图层"面板中拖曳图层列表右侧的彩色点到目标图层，如图 8-204 所示，将选定对象移动到另一个图层。当再次选取对象时，选取状态如图 8-205 所示，"图层"面板如图 8-206 所示。

图 8-203　　　　　　　　　　图 8-204

图 8-205　　　　　　　　　　图 8-206

选择"选择"工具 ，选取要移动的对象，如图 8-207 所示。按<Ctrl>+<X>组合键，剪切图形，在"图层"面板中选取要移动到的目标图层，如图 8-208 所示，按<Ctrl>+<V>组合键，粘贴图形，效果如图 8-209 所示。

图 8-107　　　　　　　图 8-108　　　　　　　图 8-209

3. 复制图层上的对象

选择"选择"工具 ，选取要复制的对象，如图 8-210 所示。按住<Alt>键的同时，在"图层"面板中拖曳图层列表右侧的彩色点到目标图层，如图 8-211 所示，将选定对象复制到另一个图层，微移复制的图形，效果如图 8-212 所示。

图 8-210

图 8-211

图 8-212

技巧 按住<Ctrl>键的同时，拖曳图层列表右侧的彩色点，可将选定对象移动到隐藏或锁定的图层；按住<Ctrl>+<Alt>组合键的同时，拖曳图层列表右侧的彩色点，可将选定对象复制到隐藏或锁定的图层。

8.2.5　更改图层的顺序

在"图层"面板中选取要调整的图层，如图 8-213 所示。按住鼠标左键拖曳到需要的位置，如图 8-214 所示，松开鼠标，效果如图 8-215 所示。也可同时选取多个图层，调整图层的顺序。

图 8-213

图 8-214

图 8-215

8.2.6　显示或隐藏图层

在"图层"面板中选取要隐藏的图层，如图 8-216 所示，原效果如图 8-217 所示。单击图层列表左侧的眼睛图标 👁，隐藏该图层，"图层"面板如图 8-218 所示，效果如图 8-219 所示。

图 8-216

图 8-217

图 8-218　　　　　　　　　　　　　　　　图 8-219

在"图层"面板中选取要显示的图层，如图 8-220 所示，原效果如图 8-221 所示。单击面板右上方的图标█，在弹出的菜单中选择"隐藏其他"命令，可隐藏除选取图层外的所有图层，"图层"面板如图 8-222 所示，效果如图 8-223 所示。

图 8-220　　　　　　　　图 8-221　　　　　　　　图 8-222　　　　　　图 8-223

在"图层"面板中单击右上方的图标█，在弹出的菜单中选择"显示全部"命令，可显示所有图层。隐藏的图层不能编辑，且不会显示在屏幕上，打印时也不显示。

8.2.7　锁定或解锁图层

在"图层"面板中选取要锁定的图层，如图 8-224 所示。单击图层列表左侧的空白方格，如图 8-225 所示，显示锁定图标█，锁定图层，面板如图 8-226 所示。

图 8-224　　　　　　　　图 8-225　　　　　　　　图 8-226

在"图层"面板中选取不要锁定的图层，如图 8-227 所示。单击面板右上方的图标█，在弹出的菜单中选择"锁定其他"命令，如图 8-228 所示，可锁定除选取图层外的所有图层，"图层"面板如图 8-229 所示。

图 8-227

图 8-228

图 8-229

在"图层"面板中单击右上方的图标，在弹出的菜单中选择"解锁全部图层"命令，可解除所有图层的锁定。

8.2.8　删除图层

在"图层"面板中选取要删除的图层，如图 8-230 所示，原效果如图 8-231 所示。单击面板下方的"删除选定图层"按钮　，删除选取的图层，"图层"面板如图 8-232 所示，效果如图 8-233 所示。

图 8-230

图 8-231

图 8-232

图 8-233

在"图层"面板中选取要删除的图层，单击面板右上方的图标，在弹出的菜单中选择"删除图层'图层名称'"命令，可删除选取的图层。

按住<Ctrl>键的同时，在"图层"面板中单击选取多个要删除的图层，单击面板中的"删除选定图层"按钮　或使用面板菜单中的"删除图层'图层名称'"命令，可删除多个图层。

提示 要删除所有空图层，可单击"图层"面板右上方的图标 ，在弹出的菜单中选择"删除未使用的图层"命令。

8.3 课堂练习——制作旅游宣传单

【练习知识要点】使用直线工具、旋转工具和渐变羽化工具制作背景的发光效果，使用文字工具、钢笔工具、路径查找器面板和多边形工具制作广告语，使用椭圆工具、相加命令和效果面板制作云图形，使用插入表命令、表面板和段落面板添加并编辑表格，如图 8-234 所示。

【效果所在位置】光盘/Ch08/效果/制作旅游宣传单.indd。

图 8-234

8.4 课后习题——制作健身广告

【习题知识要点】使用置入命令制作背景图效果，使用文字工具和不透明度命令制作背景文字，使用文字工具和矩形工具添加宣传性文字，使用多边形工具和旋转命令制作标志图形，如图 8-235 所示。

【效果所在位置】光盘/Ch08/效果/绘制健身广告.indd。

图 8-235

第9章

页面编排

本章介绍在 InDesign CS5 中编排页面的方法。讲解页面、跨页和主页的概念，以及页码、章节页码的设置和页面面板的使用方法。通过本章的学习，可以快捷地编排页面，减少不必要的重复工作，使排版工作变得更加高效。

课堂学习目标

- 版面布局
- 使用主页
- 页面和跨页

9.1 版面布局

InDesign CS5 的版面布局包括基本布局和精确布局两种。建立新文档，设置页面、版心和分栏，指定出血和辅助信息域等为基本版面布局。标尺、网格和参考线可以给出对象的精确位置，为精确版面布局。

9.1.1 课堂案例——制作杂志封面

【案例学习目标】学习使用文字工具和参考线制作杂志封面。

【案例知识要点】使用矩形工具和渐变色板工具绘制背景图形，使用文字工具和投影命令制作杂志名称，使用文字工具、投影命令、矩形工具和渐变色板填充工具制作栏目标题，如图 9-1 所示。

【效果所在位置】光盘/Ch09/效果/制作杂志封面.indd。

1．制作背景效果

（1）选择"文件 > 新建 > 文档"命令，弹出"新建文档"对话框，如图 9-2 所示。单击"边距和分栏"按钮，弹出"边距和分栏"对话框，选项设置如图 9-3 所示，单击"确定"按钮，新建一个页面。选择"视图 > 其他 > 隐藏框架边缘"命令，将所绘制图形的框架边缘隐藏。

图 9-1

图 9-2

图 9-3

（2）选择"矩形"工具 🔲，在页面中单击鼠标左键，弹出"矩形"对话框，选项的设置如图 9-4 所示，单击"确定"按钮，得到一个矩形。选择"选择"工具 ▶，将其拖曳到页面中适当的位置，效果如图 9-5 所示。

图 9-4

图 9-5

（3）双击"渐变色板"工具 ，弹出"渐变"面板，在"类型"选项的下拉列表中选择"径向"，在色带上选中左侧的渐变色标，设置 CMYK 的值为 10、5、0、0，选中右侧的渐变色标，设置 CMYK 的值为 46、20、10、0，其他选项的设置如图 9-6 所示，填充渐变色，并设置描边色为无，效果如图 9-7 所示。

图 9-6　　　　　　　　　　图 9-7

（4）选择"文件 > 置入"命令，弹出"置入"对话框，选择光盘中的"Ch09 > 素材 > 制作杂志封面 > 01"文件，单击"打开"按钮，在页面空白处单击鼠标左键置入图片。选择"自由变换"工具 ，将图片拖曳到适当的位置并调整其大小，效果如图 9-8 所示。

（5）选择"选择"工具 ，向上拖曳其下方中间的控制手柄到适当的位置，裁剪图片，效果如图 9-9 所示 。按<Shift>+<Ctrl>+<F10>组合键，弹出"效果"面板，选项设置如图 9-10 所示，效果如图 9-11 所示。

图 9-8　　　　图 9-9　　　　图 9-10　　　　图 9-11

2．制作杂志名称

（1）选择"文字"工具 ，在页面中拖曳一个文本框，输入需要的文字。将输入的文字选取，在"控制面板"中选择合适的字体并设置文字大小，效果如图 9-12 所示。在"控制面板"中将"字符间距" 选项设置为 - 50，按<Enter>键。并设置填充色的 CMYK 值为 30、45、60、0，填充文字，效果如图 9-13 所示。

图 9-12　　　　　　　　　　图 9-13

（2）选择"选择"工具 ，单击"控制面板"中的"向选定的目标添加对象效果"按钮 ，在弹出的菜单中选择"投影"命令，在弹出的"效果"对话框中进行设置，如图 9-14 所示，单击"确定"按钮，效果如图 9-15 所示。

图 9-14　　　　　　　　　　　　　　　　　图 9-15

（3）选择"文字"工具 ，在页面中拖曳一个文本框，输入需要的文字。将输入的文字选取，在"控制面板"中选择合适的字体并设置文字大小，效果如图 9-16 所示。在"控制面板"中将"垂直缩放" 选项设置为 210%，将"字符间距" 选项设置为－50，按<Enter>键，效果如图 9-17 所示。

（4）设置填充色的 CMYK 值为 85、80、70、53，填充文字，在页面空白处单击，取消文字的选取状态，效果如图 9-18 所示。

图 9-16　　　　　　　　　　　图 9-17　　　　　　　　　　　图 9-18

（5）选择"文字"工具 ，在空白页面中分别拖曳文本框，输入需要的文字。分别将输入的文字选取，在"控制面板"中选择合适的字体并设置文字大小，效果如图 9-19 所示。选取左侧的数字"07"，在"控制面板"中将"字符间距" 选项设置为－50，按<Enter>键，取消文字的选取状态，效果如图 9-20 所示。

（6）选择"选择"工具 ，使用圈选的方法将输入的文字同时选取，按<Ctrl>+<G>组合键，将其编组，并将其拖曳到适当的位置，效果如图 9-21 所示。

07July 2012　　　　**07**July 2012
　每月 15 日出刊　　　　每月 15 日出刊

图 9-19　　　　　　　　图 9-20　　　　　　　　图 9-21

（7）选择"文件 > 置入"命令，弹出"置入"对话框，选择光盘中的"Ch09 > 素材 > 制作杂志封面 > 02"文件，单击"打开"按钮，在页面空白处单击鼠标左键置入图片。选择"自由变换"工具，将图片拖曳到适当的位置并调整其大小，效果如图 9-22 所示。

（8）选择"选择"工具，向上拖曳其下方中间的控制手柄到适当的位置，裁剪图片，效果如图 9-23 所示。

图 9-22　　　　　　　　　　　　　图 9-23

3．添加并编辑杂志栏目标题

（1）选择"选择"工具，单击页面左侧的标尺，按住鼠标左键不放，向右拖曳出一条垂直的辅助线，在"控制面板"中将"X 位置"选项设置为 5 毫米，按<Enter>键，效果如图 9-24 所示。

（2）选择"文字"工具，在页面中分别拖曳文本框，输入需要的文字。分别将输入的文字选取，在"控制面板"中选择合适的字体并设置文字大小。选择"选择"工具，拖曳所有文字与左侧参考线对齐，取消文字的选取状态，效果如图 9-25 所示。

图 9-24　　　　　　　　　　　　　图 9-25

（3）选择"文字"工具，选取上方的英文"BEAUTIFUL"，设置填充色的 CMYK 值为 30、45、60、0，填充文字，取消文字的选取状态，效果如图 9-26 所示。再选取下方的文字，如图 9-27 所示，填充文字为白色，取消文字的选取状态，效果如图 9-28 所示。

图 9-26　　　　　　　　图 9-27　　　　　　　　图 9-28

（4）选择"文字"工具 T，选取数字"5"，设置填充色的 CMYK 值为 68、40、12、0，填充文字，取消文字的选取状态，效果如图 9-29 所示。再选取文字"步入春夏"，在"控制面板"中设置适当的文字大小，取消文字的选取状态，效果如图 9-30 所示。

图 9-29　　　　　　　　　　　　　图 9-30

（5）选择"矩形"工具 □，在页面中绘制一个矩形，如图 9-31 所示。双击"渐变色板"工具 ■，弹出"渐变"面板，在"类型"选项的下拉列表中选择"线性"，在色带上选中左侧的渐变色标，设置为白色，选中右侧的渐变色标，设置为黑色，其他选项的设置如图 9-32 所示，填充渐变色，并设置描边色为无，效果如图 9-33 所示。

（6）选择"文字"工具 T，在页面中拖曳一个文本框，输入需要的文字。将输入的文字选取，在"控制面板"中选择合适的字体并设置文字大小。填充文字为白色，取消文字的选取状态，效果如图 9-34 所示。

图 9-31　　　　　　图 9-32　　　　　　图 9-33　　　　　　图 9-34

（7）选择"文字"工具 T，在页面中分别拖曳文本框，输入需要的文字。分别将输入的文字选取，在"控制面板"中选择合适的字体并设置文字大小。选择"选择"工具 ▶，拖曳所有文字与左侧参考线对齐，取消文字的选取状态，效果如图 9-35 所示。

（8）选择"文字"工具 T，将需要的文字选取，填充文字为白色，在"控制面板"中将"行距" TA 0 选项设置为 34 点，按<Enter>键，取消文字的选取状态，效果如图 9-36 所示。选取数字"12"，在"控制面板"中选择合适的字体并设置文字大小，取消文字的选取状态，效果如图 9-37 所示。

图 9-35　　　　　　　　　图 9-36　　　　　　　　　图 9-37

（9）选择"文字"工具 T，选取需要的文字，如图 9-38 所示，在"控制面板"中将"行距" $\stackrel{A}{IA}$ 0 选项设置为 26 点，按<Enter>键。并填充文字为白色，取消文字的选取状态，效果如图 9-39 所示。再次选取文字"让美丽重新出发"，在"控制面板"中设置适当的文字大小，并设置填充色的 CMYK 值为 30、45、60、0，填充文字，取消文字的选取状态，效果如图 9-40 所示。

图 9-38

图 9-39

图 9-40

（10）选择"文字"工具 T，选取下方的文字，在"控制面板"中将"字符间距" $\stackrel{AV}{A}$ 0 选项设置为 –50，将"行距" $\stackrel{A}{IA}$ 0 选项设置为 65 点，按<Enter>键。并设置填充色的 CMYK 值为 30、45、60、0，填充文字，取消文字的选取状态，效果如图 9-41 所示。

（11）选择"文字"工具 T，选取文字"焕然一新的时尚"，在"控制面板"中设置适当的文字大小，取消文字的选取状态，效果如图 9-42 所示。

图 9-41

图 9-42

（12）选择"选择"工具 ，按住<Shift>键的同时，单击选取需要的文字，如图 9-43 所示。单击"控制面板"中的"向选定的目标添加对象效果"按钮 fx，在弹出的菜单中选择"投影"命令，在弹出的"效果"对话框中进行设置，如图 9-44 所示，单击"确定"按钮，取消文字的选取状态，效果如图 9-45 所示。

图 9-43

图 9-44

图 9-45

4．添加装饰图形

（1）选择"矩形"工具 ，在适当的位置分别绘制矩形，选择"选择"工具 ，按住<Shift>键的同时，将两个矩形同时选取，填充矩形为白色，并设置描边色为无，效果如图 9-46 所示。

（2）保持图形的选取状态，在"控制面板"中将"不透明度" 100% 选项设置为 50%，按<Ctrl>+<G>组合键，将其编组，效果如图 9-47 所示。按<Ctrl>+<[>组合键，将图形后移一层，效果如图 9-48 所示。

图 9-46 　　　　　　　　图 9-47 　　　　　　　　图 9-48

（3）选择"文字"工具 T ，在页面中右下方拖曳一个文本框，输入需要的文字。将输入的文字选取，在"控制面板"中选择合适的字体并设置文字大小，如图 9-49 所示。在"控制面板"中将"字符间距" 选项设置为 75，按<Enter>键，取消文字的选取状态，效果如图 9-50所示。

（4）选择"选择"工具 ，单击选取参考线，按<Delete>键，将参考线删除，杂志封面制作完成，效果如图 9-51 所示。按<Ctrl>+<S>组合键，弹出"存储为"对话框，将其命名为"制作杂志封面"，单击"保存"按钮，将其存储。

图 9-49 　　　　　　　　图 9-50 　　　　　　　　图 9-51

9.1.2　设置基本布局

1．文档窗口一览

在文档窗口中，新建一个页面，如图 9-52 所示。

页面的结构性区域由以下的颜色标出。

黑线标明了跨页中每个页面的尺寸。细的阴影有助于从粘贴板中区分出跨页。

围绕页面外的红色线代表出血区域。

围绕页面外的蓝色线代表辅助信息区域。

品红色的线是边空线（或称版心线）。

紫色线是分栏线。

其他颜色的线条是辅助线。当辅助线出现时，在被选取的情况下，辅助线的颜色显示为所在图层的颜色。

 分栏线出现在版心线的前面。当分栏线正好在版心线之上时，会遮住版心线。

选择"编辑 > 首选项 > 参考线和粘贴板"命令，弹出"首选项"对话框，如图 9-53 所示。

图 9-52

图 9-53

可以设置页边距和分栏参考线的颜色，以及粘贴板上出血和辅助信息区域参考线的颜色。还可以就对象需要距离参考线多近才能靠齐参考线、参考线显示在对象之前还是之后以及粘贴板的大小进行设置。

2. 更改文档设置

选择"文件 > 文档设置"命令，弹出"文档设置"对话框，单击"更多选项"按钮，如图 9-54 所示。指定文档选项，单击"确定"按钮即可更改文档设置。

图 9-54

3. 更改页边距和分栏

在"页面"面板中选择要修改的跨页或页面，选择"版面 > 边距和分栏"命令，弹出"边距和分栏"对话框，如图 9-55 所示。

"边距"选项组：指定边距参考线到页面的各个边缘之间的距离。

"分栏"选项组：在"栏数"选项中输入要在边距参考线内创建的分栏的数目；在"栏间距"选项中输入栏间的宽度值。

"排版方向"选项：选择"水平"或"垂直"来指定栏的方向。还可设置文档基线网格的排版方向。

图 9-55

4．创建不相等栏宽

在"页面"面板中选择要修改的跨页或页面，如图 9-56 所示。选择"视图 > 网格和参考线 > 锁定栏参考线"命令，解除栏参考线的锁定。选择"选择"工具 ，选取需要的栏参考线，按住鼠标左键拖曳到适当的位置，如图 9-57 所示，松开鼠标，效果如图 9-58 所示。

图 9-56　　　　　　　　图 9-57　　　　　　　　图 9-58

9.1.3　版面精确布局

1．标尺和度量单位

可以为水平标尺和垂直标尺设置不同的度量系统。为水平标尺选择的系统将控制制表符、边距、缩进和其他度量。标尺的默认度量单位是毫米，如图 9-59 所示。

　⊙　更改标尺和度量单位

可以为屏幕上的标尺及面板和对话框设置度量单位。选择"编辑 > 首选项 > 单位和增量"命令，弹出"首选项"对话框，如图 9-60 所示，设置需要的度量单位，单击"确定"按钮即可。

大刻度线
小刻度线
刻度读数

图 9-59　　　　　　　　　　　　　图 9-60

在标尺上单击右键，在弹出的菜单中选择单位来更改标尺单位。在水平标尺和垂直标尺的交叉点单击右键，可以为两个标尺更改标尺单位。

2．网格

选择"视图 > 网格和参考线 > 显示/隐藏文档网格"命令，可显示或隐藏文档网格。

选择"编辑 > 首选项 > 网格"命令，弹出"首选项"对话框，如图 9-61 所示，设置需要的网格选项，单击"确定"按钮即可。

选择"视图 > 网格和参考线 > 靠齐文档网格"命令，将对象拖向网格，对象的一角将与网格 4 个角点中的一个靠齐，可靠齐文档网格中的对象。按住<Ctrl>键的同时，可以靠齐网格网眼的 9 个特殊位置。

3. 标尺参考线

⊙ 创建标尺参考线

图 9-61

将鼠标定位到水平（或垂直）标尺上，如图 9-62 所示，单击鼠标左键并按住不放拖曳到目标跨页上需要的位置，松开鼠标左键，创建标尺参考线，如图 9-63 所示。如果将参考线拖曳到粘贴板上，它将跨越该粘贴板和跨页，如图 9-64 所示；如果将它拖曳到页面上，将变为页面参考线。

图 9-62   图 9-63   图 9-64

按住<Ctrl>键的同时，从水平（或垂直）标尺拖曳到目标跨页，可以在粘贴板不可见时创建跨页参考线。双击水平或垂直标尺上的特定位置，可在不拖曳的情况下创建跨页参考线。如果要将参考线与最近的刻度线对齐，在双击标尺时按住<Shift>键即可。

选择"版面 > 创建参考线"命令，弹出"创建参考线"对话框，如图 9-65 所示。

图 9-65

"行数"和"栏数"选项：指定要创建的行或栏的数目。

"行间距"和"栏间距"选项：指定行或栏的间距。

创建的栏在置入文本文件时不能控制文本排列。

在"参考线适合"选项中，点选"边距"单选项在页边距内的版心区域创建参考线；点选"页面"单选项在页面边缘内创建参考线。

"移去现有标尺参考线"复选框：删除任何现有参考线（包括锁定或隐藏图层上的参考线）。

设置需要的选项，如图 9-66 所示，单击"确定"按钮，效果如图 9-67 所示。

图 9-66

图 9-67

⊙ 编辑标尺参考线

选择"视图 > 网格和参考线 > 显示/隐藏参考线"命令，可显示或隐藏所有边距、栏和标尺参考线。选择"视图 > 网格和参考线 > 锁定参考线"命令，可锁定参考线。

按<Ctrl>+<Alt>+<G>组合键，选择目标跨页上的所有标尺参考线。选择一个或多个标尺参考线，按<Delete>键，删除参考线。也可以拖曳标尺参考线到标尺上，将其删除。

9.2　使用主页

主页相当于一个可以快速应用到多个页面的背景。主页上的对象将显示在应用该主页的所有页面上。主页上的对象将显示在文档页面中同一图层的对象之后。对主页进行的更改将自动应用到关联的页面。

9.2.1　课堂案例——制作杂志内页

【案例学习目标】学习使用绘制图形工具、文字工具、段落样式面板和主页制作杂志内页。

【案例知识要点】使用矩形工具和文字工具在主页中添加杂志栏目标题，使用段落样式面板添加需要的段落样式，使用投影命令为图片添加投影效果，使用项目符号和编号命令制作文字的项目符号，如图 9-68 所示。

图 9-68

【效果所在位置】光盘/Ch09/效果/制作杂志内页.indd。

1. 制作主页内容

（1）选择"文件 > 新建 > 文档"命令，弹出"新建文档"对话框，如图 9-69 所示。单击"边距和分栏"按钮，弹出"边距和分栏"对话框，选项设置如图 9-70 所示，单击"确定"按钮，新建一个页面。选择"视图 > 其他 > 隐藏框架边缘"命令，将所绘制图形的框架边缘隐藏。

图 9-69

图 9-70

（2）选择"版面 > 页码和章节选项"命令，弹出"页码和章节选项"对话框，在"页码"选项组中的样式选项下拉列表中选择需要的样式，如图 9-71 所示，单击"确定"按钮，设置页码的样式。

（3）选择"窗口 > 页面"命令，弹出"页面"面板，按住<Shift>键的同时，单击除第一页外的所有的页面图标，将其全部选取，如图 9-72 所示。单击面板右上方的图标，在弹出的菜单中取消选择"允许选定的跨页随机排布"命令，如图 9-73 所示。选取第一页的页面图标，单击"删除选中页面"按钮，"页面"面板如图 9-74 所示。文档以两页跨页开始。

图 9-71   图 9-72   图 9-73   图 9-74

（4）在"状态栏"中单击"文档所属页面"选项右侧的按钮，在弹出的页码中选择"A-主页"，页面效果如图 9-75 所示。选择"矩形"工具，在页面左上角绘制一个矩形，设置填充色的 CMYK 值为 30、45、60、0，填充图形，并设置描边色为无，效果如图 9-76 所示。

图 9-75   图 9-76

（5）选择"矩形"工具，按住<Shift>键的同时，在页面中绘制一个正方形，设置填充色的 CMYK 值为 30、45、60、0，填充图形，并设置描边色为无，效果如图 9-77 所示。选择"选择"

工具 ⬉，按住<Shift>+<Alt>组合键的同时，水平向右拖曳矩形到适当的位置，复制矩形，如图9-78所示。按3次<Ctrl>+<Alt>+<4>组合键，再复制出3个矩形，效果如图9-79所示。

　　图 9-77　　　　　　　　　　　图 9-78　　　　　　　　　　　　　　　图 9-79

　　（6）选择"文字"工具 T，在页面中拖曳一个文本框，输入需要的文字。将输入的文字选取，在"控制面板"中选择合适的字体并设置文字大小，如图9-80所示。在"控制面板"中将"字符间距" 选项设置为560，按<Enter>键。并填充文字为白色，取消文字的选取状态，效果如图9-81所示。

TREND ■　　　　　　TREND

　　　　　图 9-80　　　　　　　　　　　　　　　　图 9-81

　　（7）选择"文字"工具 T，在适当的位置插入光标，如图9-82所示。在"控制面板"中将"字偶间距" 选项设置为 - 140，按<Enter>键，效果如图9-83所示。

TREND　　　　　TREND

　　　　　图 9-82　　　　　　　　　　　　　　　图 9-83

　　（8）选择"文字"工具 T，在页面右上角拖曳一个文本框，输入需要的文字。将输入的文字选取，在"控制面板"中选择合适的字体并设置文字大小，效果如图9-84所示。在"控制面板"中将"字符间距" 选项设置为 - 50，按<Enter>键。并设置填充色的CMYK值为30、45、60、0，填充文字，效果如图9-85所示。

　　（9）选择"文字"工具 T，在页面中拖曳一个文本框，输入需要的文字。将输入的文字选取，在"控制面板"中选择合适的字体并设置文字大小，效果如图9-86所示。在"控制面板"中将"垂直缩放" 选项设置为 210%，将"字符间距" 选项设置为 - 50，按<Enter>键，取消文字的选取状态，效果如图9-87所示。

瑞衣尚　　　　瑞衣尚　　　　瑞衣尚FASHION　　瑞衣尚FASHION

　图 9-84　　　　　　图 9-85　　　　　　　图 9-86　　　　　　　图 9-87

　　（10）选择"直线"工具 ＼，按住<Shift>键的同时，在文字下方绘制一条直线，如图9-88所示。设置描边色的CMYK值为30、45、60、0，填充描边，并在"控制面板"中将"描边粗细" 选项设置为5点，按<Enter>键，效果如图9-89所示。

　　（11）选择"选择"工具 ⬉，按住<Shift>+<Alt>组合键的同时，垂直向下拖曳直线到适当的位置，复制直线。并在"控制面板"中将"描边粗细" 选项设置为2点，按<Enter>键，效果如图9-90所示。

图 9-88

图 9-89

图 9-90

（12）选择"矩形"工具 ▣，在页面左侧绘制一个矩形，设置填充色的 CMYK 值为 30、45、60、0，填充图形，并设置描边色为无，效果如图 9-91 所示。用相同方法绘制页面右侧的矩形，效果如图 9-92 所示。

图 9-91   图 9-92

（13）选择"窗口 > 图层"命令，弹出"图层"面板，单击面板下方的"创建新图层"按钮 ▣，新建"图层 2"图层，如图 9-93 所示。选择"文字"工具 T，在页面中左下角拖曳出一个文本框。选择"文字 > 插入特殊字符 > 标识符 > 当前页码"命令，在文本框中添加自动页码，如图 9-94 所示。

（14）选择"文字"工具 T，选取刚刚添加到页码，在"控制面板"中选择合适的字体并设置文字大小，取消文字的选取状态，效果如图 9-95 所示。用相同方法在页面右下角添加自动页码，效果如图 9-96 所示。

图 9-93   图 9-94   图 9-95   图 9-96

2. 添加装饰图片和文字

（1）在"状态栏"中单击"文档所属页面"选项右侧的按钮 ▾，在弹出的页码中选择"01"。单击"图层"面板中的"图层 1"图层。选择"文字"工具 T，在页面左上角的矩形上拖曳一个文本框，输入需要的文字。将输入的文字选取，在"控制面板"中选择合适的字体并设置文字大小，填充文字为白色，如图 9-97 所示。

（2）按<F11>键，弹出"段落样式"面板，单击面板下方的"创建新样式"按钮 ，生成新的段落样式并将其命名为"栏目"，如图 9-98 所示。

图 9-97　　　　　　　　　　　　　　　　　图 9-98

（3）选择"文件 > 置入"命令，弹出"置入"对话框，选择光盘中的"Ch09 > 素材 > 制作杂志内页 > 01"文件，单击"打开"按钮，在页面空白处单击鼠标左键置入图片。选择"自由变换"工具 ，将图片拖曳到适当的位置并调整其大小，效果如图 9-99 所示。

（4）选择"文字"工具 T ，在页面中拖曳一个文本框，输入需要的文字。将输入的文字选取，在"控制面板"中选择合适的字体并设置文字大小，如图 9-100 所示。在"控制面板"中将"字符间距" 选项设置为 - 50，按<Enter>键，取消文字的选取状态，效果如图 9-101 所示。

图 9-99　　　　　　　　　　图 9-100　　　　　　　　　　图 9-101

（5）选择"文件 > 置入"命令，弹出"置入"对话框，选择光盘中的"Ch09 > 素材 > 制作杂志内页 > 02"文件，单击"打开"按钮，在页面空白处单击鼠标左键置入图片。选择"选择"工具 ，将其拖曳到适当的位置，效果如图 9-102 所示。

（6）选择"椭圆"工具 ，按住<Shift>键的同时，在页面中拖曳鼠标绘制一个圆形，设置填充色的 CMYK 值为 0、0、100、0，填充图形，并设置描边色为无，效果如图 9-103 所示。

（7）选择"文字"工具 T ，在椭圆上拖曳出一个文本框，输入需要的文字。将输入的文字选取，在"控制面板"中选择合适的字体并设置文字大小，设置填充色的 CMYK 值为 30、100、100、20，填充文字，取消文字的选取状态，效果如图 9-104 所示。

图 9-102　　　　　　　　　　图 9-103　　　　　　　　　　图 9-104

（8）选择"文字"工具 T，在页面中拖曳文本框，输入需要的文字。将输入的文字选取，在"控制面板"中选择合适的字体并设置文字大小，效果如图 9-105 所示。单击"段落样式"面板中下方的"创建新样式"按钮 ，生成新的段落样式并将其命名为"服饰"，如图 9-106 所示。

（9）选择"文字"工具 T，在页面中拖曳文本框，输入需要的文字。将输入的文字选取，在"控制面板"中选择合适的字体并设置文字大小，取消文字的选取状态，效果如图 9-107 所示。

图 9-105　　　　　　　　　　图 9-106　　　　　　　　　　图 9-107

3．添加标题 1 的内容

（1）选择"文字"工具 T，在页面中拖曳一个文本框，输入需要的文字。将输入的文字选取，在"控制面板"中选择合适的字体并设置文字大小，效果如图 9-108 所示。

（2）选择"选择"工具 ，在"控制面板"中将"X 切变角度" 选项设置为18，按<Enter>键，文字倾斜。设置填充色的 CMYK 值为 30、100、100、20，填充文字，文字效果如图 9-109 所示。

图 9-108　　　　　　　　　　　　　图 9-109

（3）选择"文件 > 置入"命令，弹出"置入"对话框，选择光盘中的"Ch09 > 素材 > 制作杂志内页 >03"文件，单击"打开"按钮，在页面空白处单击鼠标左键置入图片。选择"自由变换"工具 ，将图片拖曳到适当的位置并调整其大小，效果如图 9-110 所示。

（4）单击"控制面板"中的"向选定的目标添加对象效果"按钮 ，在弹出的菜单中选择"投影"命令，在弹出的"效果"对话框中进行设置，如图 9-111 所示，单击"确定"按钮，效果如图 9-112 所示。

图 9-110　　　　　　　　图 9-111　　　　　　　　图 9-112

228

（5）双击打开光盘中的"Ch09 > 制作杂志内页 > 记事本"文本，选取文档中需要的文字，单击鼠标右键，复制文字，如图 9-113 所示。返回到 InDesign 页面中，选择"文字"工具 T，在适当的位置拖曳一个文本框，按<Ctrl>+<V>组合键，将复制的文字粘贴到文本框中，将输入的文字选取，在"控制面板"中选择合适的字体并设置文字大小，如图 9-114 所示。在"控制面板"中将"行距" 选项设置 18 点，并单击面板中的"右对齐"按钮，取消文字的选取状态，效果如图 9-115 所示。

图 9-113　　　　　　　　　图 9-114　　　　　　　　　图 9-115

（6）选择"文字"工具 T，选取需要的文字，如图 9-116 所示。在"控制面板"中将"字符间距" 选项设置为－50，按<Enter>键，取消文字的选取状态，效果如图 9-117 所示。

图 9-116　　　　　　　　　　　　　　　图 9-117

（7）在记事本文档中，选取并复制需要的文字，返回到 InDesign 页面中。选择"文字"工具 T，在适当的位置拖曳一个文本框，将复制的文字粘贴到文本框中，选取文字，在"控制面板"中选择合适的字体并设置文字大小，效果如图 9-118 所示。在"控制面板"中将"字符间距" 选项设置为－50，按<Enter>键，效果如图 9-119 所示。

（8）选择"段落样式"面板，单击面板下方的"创建新样式"按钮，生成新的段落样式并将其命名为"小标题 1"，"段落样式"面板显示如图 9-120 所示。

图 9-118　　　　　　　　　图 9-119　　　　　　　　　图 9-120

（9）选取并复制记事本文档中需要的文字。返回到 InDesign 页面中，选择"文字"工具 T，在适当的位置拖曳一个文本框，将复制的文字粘贴到文本框中，将文字选取，在"控制面板"中选择合适的字体并设置文字大小，效果如图 9-121 所示。在"控制面板"中将"行距" 选项设置为 18 点，按<Enter>键，取消文字的选取状态，效果如图 9-122 所示。

图 9-121　　　　　　　　　　图 9-122

（10）选择"矩形"工具 ▢，在适当的位置绘制一个矩形，设置填充色的 CMYK 值为 0、0、100、0，填充图形，并设置描边色为无，效果如图 9-123 所示。

（11）选择"文字"工具 T，在矩形上拖曳文本框，输入需要的文字。将输入的文字选取，在"控制面板"中选择合适的字体并设置文字大小，取消文字选取状态，效果如图 9-124 所示。选取文字"OFF"，在"控制面板"中选择合适的字体，取消文字选取状态，效果如图 9-125 所示。

图 9-123　　　　　　　　　图 9-124　　　　　　　　　图 9-125

（12）选择"选择"工具 ▸，按住<Shift>键的同时，单击选取需要的文字和图形，如图 9-126 所示。按<Ctrl>+<G>组合键，将其编组，如图 9-127 所示。在"控制面板"中将"旋转角度" △ 🔘 0° ▾ 选项设置为 11°，按<Enter>键，效果如图 9-128 所示。

图 9-126　　　　　　　　　图 9-127　　　　　　　　　图 9-128

（13）选择"文字"工具 T，在页面中拖曳文本框，输入需要的文字。将输入的文字选取，在"控制面板"中选择合适的字体并设置文字大小，取消文字的选取状态，效果如图 9-129 所示。选取数字"2980"，设置填充色的 CMYK 值为 30、100、100、20，填充文字，取消文字的选取状态，效果如图 9-130 所示。

图 9-129　　　　　　　　　　图 9-130

4．添加标题 2 的内容

（1）选择"文件 > 置入"命令，弹出"置入"对话框，选择光盘中的"Ch09 > 素材 > 制作杂志内页 > 04"文件，单击"打开"按钮，在页面空白处单击鼠标左键置入图片。选择"自由变换"工具，将图片拖曳到适当的位置并调整其大小，效果如图 9-131 所示。

（2）单击"控制面板"中的"向选定的目标添加对象效果"按钮 *fx*，在弹出的菜单中选择"投影"命令，在弹出的"效果"对话框中进行设置，如图 9-132 所示，单击"确定"按钮，效果如图 9-133 所示。

图 9-131　　　　　　　　　　　　图 9-132　　　　　　　　　　　　图 9-133

（3）选择"文字"工具 T，在页面中拖曳文本框，输入需要的文字。将输入的文字选取，在"控制面板"中选择合适的字体并设置文字大小，效果如图 9-134 所示。用制作标题"1"的方法编辑标题"2"，并填充相同的颜色，效果如图 9-135 所示。

图 9-134　　　　　　　　　　图 9-135

（4）选取并复制记事本文档中需要的文字。返回到 InDesign 页面中，选择"文字"工具 T，在适当的位置拖曳一个文本框，将复制的文字粘贴到文本框中，将文字选取，在"段落样式"面板中单击"小标题 1"样式，如图 9-136 所示，文字效果如图 9-137 所示。

图 9-136　　　　　　　　　　图 9-137

（5）选取并复制记事本文档中需要的文字。返回到 InDesign 页面中，选择"文字"工具 **T**，在适当的位置拖曳一个文本框，将复制的文字粘贴到文本框中，将文字选取，在"控制面板"中选择合适的字体并设置文字大小，如图 9-138 所示。在"控制面板"中将"行距" 选项设置为 18 点，并单击面板中的"右对齐"按钮，效果如图 9-139 所示。

图 9-138   图 9-139

（6）保持文字选取状态，按住<Alt>键的同时，单击"控制面板"中的"项目符号列表"按钮，弹出"项目符号和编号"对话框，在"列表类型"选项中选择"项目符号"，激活下方选项，单击"添加"按钮，弹出"添加项目符号"对话框，在对话框中进行设置，选中需要的符号，如图 9-140 所示，单击"确定"按钮，返回到"项目符号和编号"对话框中，选项的设置如图 9-141 所示，单击"确定"按钮，并取消文字选取状态，文字效果如图 9-142 所示。

• 73% 棉，26% 亚麻
• 100% 聚酯纤维

图 9-140   图 9-141   图 9-142

（7）选择"选择"工具 ，按住<Shift>键的同时，单击选取需要的图形与文字，如图 9-143 所示，按住<Alt>键的同时，向下拖曳鼠标，复制图形与文字，分别选取图形与文字，并将其拖曳到适当的位置，效果如图 9-144 所示。选择"文字"工具 **T**，选取数字"2980"，将其更改为"3980"，取消选取状态，效果如图 9-145 所示。

图 9-143   图 9-144   图 9-145

5．添加标题 3 的内容

（1）选择"文字"工具 T，在页面中适当的位置拖曳出一个文本框，输入需要的文字。将输入的文字选取，在"控制面板"中选择合适的字体并设置文字大小，效果如图 9-146 所示。用制作标题"1"的方法编辑标题"3"，并填充适当的颜色，效果如图 9-147 所示。

图 9-146

图 9-147

（2）选取并复制记事本文档中需要的文字。返回到 InDesign 页面中，选择"文字"工具 T，在适当的位置拖曳文本框，将复制的文字粘贴到文本框中，将文字选取，在"段落样式"面板中单击"小标题 1"样式，如图 9-148 所示，文字效果如图 9-149 所示。

（3）选择"文字"工具 T，在页面中拖曳文本框，输入需要的文字。将输入的文字选取，在"控制面板"中选择合适的字体并设置文字大小，效果如图 9-150 所示。在"控制面板"中将"行距" 0 选项设置为 18 点，取消文字的选取状态，效果如图 9-151 所示。

图 9-148

图 9-149　　　　　　图 9-150　　　　　　图 9-151

（4）选择"文件 > 置入"命令，弹出"置入"对话框，选择光盘中的"Ch09 > 素材 > 制作杂志内页 > 05"文件，单击"打开"按钮，在页面空白处单击鼠标左键置入图片。选择"自由变换"工具，将图片拖曳到适当的位置并调整其大小，效果如图 9-152 所示。单击"控制面板"中的"水平翻转"按钮，将图形水平翻转，效果如图 9-153 所示。

图 9-152

图 9-153

（5）保持图形选取状态，单击"控制面板"中的"向选定的目标添加对象效果"按钮 fx，在弹出的菜单中选择"投影"命令，在弹出的"效果"对话框中进行设置，如图 9-154 所示，单击"确定"按钮，效果如图 9-155 所示。

图 9-154   图 9-155

（6）选择"选择"工具 ，单击选取需要的文字，如图 9-156 所示。按住<Alt>键的同时，将其拖曳到适当的位置，复制选取的文字。选择"文字"工具 ，选取数字"3980"，将其更改为"1380"，取消文字选取状态，效果如图 9-157 所示。杂志内页制作完成，效果如图 9-158 所示。按<Ctrl>+<S>组合键，弹出"存储为"对话框，将其命名为"制作杂志内页"，单击"保存"按钮，将其存储。

图 9-156   图 9-157   图 9-158

9.2.2   创建主页

可以从头开始创建新的主页，也可以利用现有主页或跨页创建主页。当主页应用于其他页面之后，对源主页所做的任何更改会自动反映到所有基于它的主页和文档页面中。

1．从头开始创建主页

选择"窗口 > 页面"命令，弹出"页面"面板，单击面板右上方的图标 ，在弹出的菜单中选择"新建主页"命令，如图 9-159 所示，弹出"新建主页"对话框，如图 9-160 所示。

图 9-159   图 9-160

"前缀"选项：标识"页面"面板中的各个页面所应用的主页。最多可以输入 4 个字符。

"名称"选项：输入主页跨页的名称。

"基于主页"选项：选择一个以此主页跨页为基础的现有主页跨页，或选择"无"。

"页数"选项：输入一个值以作为主页跨页中要包含的页数（最多为 10）。

设置需要的选项，如图 9-161 所示，单击"确定"按钮，创建新的主页，如图 9-162 所示。

图 9-161

图 9-162

2．从现有页面或跨页创建主页

在"页面"面板中单击选取需要的跨页（或页面）图标，如图 9-163 所示。按住鼠标将其从"页面"部分拖曳到"主页"部分，如图 9-164 所示，松开鼠标，以现有跨页为基础创建主页，如图 9-165 所示。

图 9-163

图 9-164

图 9-165

9.2.3　基于其他主页的主页

在"页面"面板中选取需要的主页图标，如图 9-166 所示。单击面板右上方的图标▼，在弹出的菜单中选择"'C-主页'的主页选项"命令，弹出"主页选项"对话框，在"基于主页"选项中选取需要的主页，设置如图 9-167 所示，单击"确定"按钮，"C-主页"基于"B-主页"创建主页样式，效果如图 9-168 所示。

图 9-166

图 9-167

图 9-168

在"页面"面板中选取需要的主页跨页名称，如图 9-169 所示。按住鼠标将其拖曳到应用该主页的另一个主页名称上，如图 9-170 所示，松开鼠标，"B-主页"基于"C-主页"创建主页样式，如图 9-171 所示。

图 9-169

图 9-170

图 9-171

9.2.4 复制主页

在"页面"面板中选取需要的主页跨页名称，如图 9-172 所示。按住鼠标将其拖曳到"新建页面"按钮 上，如图 9-173 所示，松开鼠标，在文档中复制主页，如图 9-174 所示。

图 9-172

图 9-173

图 9-174

在"页面"面板中选取需要的主页跨页名称。单击面板右上方的图标 ，在弹出的菜单中选择"直接复制主页跨页'B-主页'"命令，可以在文档中复制主页。

9.2.5 应用主页

1. 将主页应用于页面或跨页

在"页面"面板中选取需要的主页图标，如图 9-175 所示。将其拖曳到要应用主页的页面图标上，当黑色矩形围绕页面时，如图 9-176 所示，松开鼠标，为页面应用主页，如图 9-177 所示。

图 9-175　　　　　　　　　　　图 9-176　　　　　　　　　　　图 9-177

在"页面"面板中选取需要的主页跨页图标，如图 9-178 所示。将其拖曳到跨页的角点上，如图 9-179 所示，当黑框矩形围绕跨页时，松开鼠标，为跨页应用主页，如图 9-180 所示。

图 9-178　　　　　　　　　　　图 9-179　　　　　　　　　　　图 9-180

2．将主页应用于多个页面

在"页面"面板中选取需要的页面图标，如图 9-181 所示。按住<Alt>键的同时，单击要应用的主页，将主页应用于多个页面，效果如图 9-182 所示。

单击面板右上方的图标 ，在弹出的菜单中选择 "将主页应用于页面"命令，弹出"应用主页"对话框，如图 9-183 所示。在"应用主页"选项中指定要应用

图 9-181　　　　　　　　图 9-182

的主页，在"于页面"选项中指定需要应用主页的页面范围，如图 9-184 所示，单击"确定"按钮，将主页应用于选定的页面，如图 9-185 所示。

图 9-183　　　　　　　　　图 9-184　　　　　　　　　图 9-185

床上。当需要此框架页面时，如图 9-176 所示，松开面板即可，对页面应用主页，如图 9-177 所示。

9.2.6 取消指定的主页

在"页面"面板中选取需要取消主页的页面图标，如图 9-186 所示。按住<Alt>键的同时，单击［无］的页面图标，将取消指定的主页，效果如图 9-187 所示。

图 9-186　　　　　　　　图 9-187

9.2.7 删除主页

在"页面"面板中选取要删除的主页，如图 9-188 所示。单击"删除选中页面"按钮 ，弹出提示对话框，如图 9-189 所示，单击"确定"按钮，删除主页，如图 9-190 所示。

图 9-188　　　　　　　　图 9-189　　　　　　　　图 9-190

将选取的主页直接拖曳到"删除选中页面"按钮 上，可删除主页。单击面板右上方的图标 ，在弹出的菜单中选择"删除主页跨页'A-主页'"命令，也可删除主页。

9.2.8 添加页码和章节编号

可以通过在页面上添加页码标记来指定页码的位置和外观。由于页码标记自动更新，当在文档内增加、移除或排列页面时，它所显示的页码总会是正确的。页码标记可以与文本一样设置格式和样式。

1．添加自动页码

选择"文字"工具 ，在要添加页码的页面中拖曳出一个文本框，如图 9-191 所示。选择"文字 > 插入特殊字符 > 标志符 > 当前页码"命令，或按<Ctrl>+<Shift>+<Alt>+<N>组合键，如图 9-192 所示，在文本框中添加自动页码，如图 9-193 所示。

图 9-191　　　　　　　　　　　图 9-192　　　　　　　　　　　图 9-193

在页面区域显示主页，选择"文字"工具 **T**，在主页中拖曳一个文本框，如图 9-194 所示。在文本框中单击鼠标右键，在弹出的菜单中选择"插入特殊字符 > 标志符 > 当前页码"命令，在文本框中添加自动页码，如图 9-195 所示。页码以该主页的前缀显示。

图 9-194　　　　　　　　图 9-195

2. 添加章节编号

选择"文字"工具 **T**，在要显示章节编号的位置拖曳出一个文本框，如图 9-196 所示。选择"文字 > 文本变量 > 插入变量 > 章节编号"命令，如图 9-197 所示，在文本框中添加自动的章节编号，如图 9-198 所示。

图 9-196　　　　　　　　图 9-197　　　　　　　　图 9-198

3. 更改页码和章节编号的格式

选择"版面> 页码和章节选项"命令，弹出"页码和章节选项"对话框，如图 9-199 所示。设置需要的选项，单击"确定"按钮，可更改页码和章节编号的格式。

"自动编排页码"选项：让当前章节的页码跟随前一章节的页码。当在它前面添加页面时，文档或章节中的页码将自动更新。

"起始页码"选项：输入文档或当前章节第一页的起始页码。

在"编排页码"选项组中，各选项介绍如下。

"章节前缀"选项：为章节输入一个标签。包括要在前缀和页码之间显示的空格或标点符号。前缀的长度不

图 9-199

应大于 8 个字符。不能为空，并且也不能通过按空格键输入一个空格，而是要从文档窗口中复制和粘贴一个空格字符。

"样式（页码）"选项：从菜单中选择一种页码样式。该样式仅应用于本章节中的所有页面。

"章节标志符"选项：输入一个标签，InDesign 会将其插入到页面中。

"编排页码时包含前缀"选项：可在生成目录或索引时或在打印包含自动页码的页面时显示章节前缀。取消选择此选项，将在 InDesign 中显示章节前缀，但在打印的文档、索引和目录中隐藏该前缀。

9.3 页面和跨页

在"页面设置"对话框中勾选"对页"选项时，文档页面将排列为跨页。跨页是一组一同显示的页面。

9.3.1 课堂案例——制作杂志内页

【案例学习目标】学习使用绘制图形工具、文字工具、段落样式面板和插入页面命令制作杂志内页 02。

【案例知识要点】使用插入页面命令在文档中添加页面，使用文字工具添加文字，使用段落样式页面设置文字形式，如图 9-200 所示。

【效果所在位置】光盘/Ch09/效果/制作杂志内页.indd。

图 9-200

1. 添加图片和标题内容文字

（1）双击打开光盘中的"Ch09 > 效果 > 制作杂志内页"文件，选择"窗口 > 页面"命令，弹出"页面"面板，单击面板右上方的图标 ，在弹出的菜单中选择"插入页面"命令，弹出"插入页面"对话框，选项的设置如图 9-201 所示，单击"确定"按钮，面板如图 9-202 所示。

图 9-201   图 9-202

（2）在"状态栏"中单击"文档所属页面"选项右侧的按钮 ∨ ，在弹出的页码中选择"03"，页面中显示第 3 页。选择"文字"工具 T ，在页面左上角的矩形上拖曳出一个文本框，输入需要的文字。将输入的文字选取，按<F11>键，弹出"段落样式"面板，单击"栏目"样式，如图 9-203 所示，取消文字选取状态，效果如图 9-204 所示。

图 9-203　　　　　　　　　　　　　　　　图 9-204

（3）选择"文件 > 置入"命令，弹出"置入"对话框，选择光盘中的"Ch09> 素材 > 制作杂志内页 >07"文件，单击"打开"按钮，在页面中空白处单击鼠标置入图片。选择"自由变换"工具 ，将图片拖曳到适当的位置并调整其大小，效果如图 9-205 所示。

（4）选择"文件 > 置入"命令，弹出"置入"对话框，选择光盘中的"Ch09> 素材 > 制作杂志内页 >08"文件，单击"打开"按钮，在页面中空白处单击鼠标置入图片。选择"自由变换"工具 ，将图片拖曳到适当的位置并调整其大小，效果如图 9-206 所示。

图 9-205　　　　　　　　　　　　　　　　图 9-206

（5）选择"文字"工具 T ，在页面中拖曳一个文本框，输入需要的文字。将输入的文字选取，在"控制面板"中选择合适的字体并设置文字大小，效果如图 9-207 所示。单击"段落样式"面板下方的"创建新样式"按钮 ，生成新的段落样式并将其命名为"美肤"，如图 9-208 所示。

（6）选择"文字"工具 T ，在页面中拖曳一个文本框，输入需要的文字。将输入的文字选取，在"控制面板"中选择合适的字体并设置文字大小，取消文字的选取状态，效果如图 9-209 所示。

图 9-207　　　　　　　　　　　图 9-208　　　　　　　　　　　图 9-209

（7）选择"文字"工具 T，在页面中拖曳一个文本框，输入需要的文字。将输入的文字选取，在"控制面板"中选择合适的字体并设置文字大小，效果如图 9-210 所示。设置填充色的 CMYK 值为 30、100、100、20，填充文字。选择"选择"工具，在"控制面板"中将"X 切变角度" 0° 选项设置为 18°，按<Enter>键，效果如图 9-211 所示。

图 9-210　　　　　　　　　　　图 9-211

（8）选取并复制记事本文档中需要的文字。返回到 InDesign 页面中，选择"文字"工具 T，在适当的位置拖曳一个文本框，将复制的文字粘贴到文本框中，将文字选取，在"控制面板"中选择合适的字体并设置文字大小，效果如图 9-212 所示。单击"段落样式"面板下方的"创建新样式"按钮，生成新的段落样式并将其命名为"小标题 2"，如图 9-213 所示。

图 9-212　　　　　　　　　　　图 9-213

（9）选取并复制记事本文档中需要的文字。返回到 InDesign 页面中，选择"文字"工具 T，在适当的位置拖曳一个文本框，将复制的文字粘贴到文本框中，将文字选取，在"控制面板"中选择合适的字体并设置文字大小，效果如图 9-214 所示。在"控制面板"中将"行距"选项设置为 18 点，按<Enter>键，效果如图 9-215 所示。

图 9-214　　　　　　　　　　　图 9-215

（10）选择"文字 > 段落"命令，弹出"段落"面板，将"首行左缩进"选项设置为 8 毫米，如图 9-216 所示，按<Enter>键，文字效果如图 9-217 所示。单击"段落样式"面板下方的"创建新样式"按钮，生成新的段落样式并将其命名为"内容文字 1"，如图 9-218 所示。

改善不健康生活习惯

也许平日你已经很注重肌肤的保养，但是毛孔问题仍然没有得到解决。注意，日常生活中的坏习惯，也是造成毛孔粗大的元凶！

图 9-216　　　　　　　图 9-217　　　　　　　图 9-218

（11）选择"文件 > 置入"命令，弹出"置入"对话框，选择光盘中的"Ch09> 素材 > 制作杂志内页 >09"文件，单击"打开"按钮，在页面中空白处单击鼠标左键置入图片。选择"自由变换"工具，将图片拖曳到适当的位置并调整其大小，效果如图 9-219 所示。

（12）单击"控制面板"中的"水平翻转"按钮，将图片水平翻转。多次按<Ctrl>+<[>组合键，按需要将图片后移到适当的位置，效果如图 9-220 所示。用相同方法置入图片并制作其他文字的效果，如图 9-221 所示。

图 9-219　　　　　　　图 9-220　　　　　　　图 9-221

（13）选择"文件 > 置入"命令，弹出"置入"对话框，选择光盘中的"Ch09> 素材 > 制作杂志内页 >06"文件，单击"打开"按钮，在页面中空白处单击鼠标左键置入图片。选择"自由变换"工具，将图片拖曳到适当的位置并调整其大小，效果如图 9-222 所示。

（14）选择"文字"工具，在页面中拖曳文本框，输入需要的文字。将输入的文字选取，在"控制面板"中选择合适的字体并设置文字大小，取消文字选取状态，效果如图 9-223 所示。

图 9-222　　　　　　　　　　　　图 9-223

2．添加广告语及内容文字

（1）在"状态栏"中单击"文档所属页面"选项右侧的按钮，在弹出的页码中选择"05"，页面中显示第 5 页。

（2）选择"文字"工具，在页面中空白处拖曳一个文本框，输入需要的文字。将输入的文字选取，在"控制面板"中选择合适的字体并设置文字大小，效果如图 9-224 所示。在"控制面板"中将"字符间距"选项设置为 10，按<Enter>键。并设置填充色的 CMYK 值为 10、73、100、20，填充文字，取消文字选取状态，效果如图 9-225 所示。

图 9-224   图 9-225

（3）选择"文字"工具，选取文字"O"，在"控制面板"中设置适当的文字大小，并将"基线偏移"选项设置为 – 14 点，按<Enter>键，取消文字选取状态，效果如图 9-226 所示。用相同方法编辑"EME"文字，效果如图 9-227 所示。选择"选择"工具，单击选取需要的文字，将其拖曳到页面中适当的位置，如图 9-228 所示。

图 9-226   图 9-227   图 9-228

（4）选择"文字"工具，在页面中拖曳一个文本框，输入需要的文字。将输入的文字选取，在"控制面板"中选择合适的字体并设置文字大小，效果如图 9-229 所示。在"控制面板"中将"行距"选项设置为 14 点，按<Enter>键。并设置填充色的 CMYK 值为 67、100、57、0，填充文字，取消文字选取状态，效果如图 9-230 所示。

倾国之恋
18K 黄金钻石女戒—ZX-0123

图 9-229   图 9-230

（5）选择"文字"工具，在页面中拖曳一个文本框，输入需要的文字。将输入的文字选取，在"控制面板"中选择合适的字体并设置文字大小，并设置填充色的 CMYK 值为 67、100、57、0，填充文字，取消文字选取状态，效果如图 9-231 所示。

（6）选择"文件 > 置入"命令，弹出"置入"对话框，选择光盘中的"Ch09> 素材 > 制作杂志内页＞13"文件，单击"打开"按钮，在页面中空白处单击鼠标左键转入图片。选择"自由变换"工具 ，将图片拖曳到适当的位置并调整其大小，效果如图 9-232 所示。按<Ctrl>+<[>组合键，将图片后移一层，效果如图 9-233 所示。

| 图 9-231 | 图 9-232 | 图 9-233 |

（7）选取并复制记事本文档中需要的文字。返回到 InDesign 页面中，选择"文字"工具 ，在适当的位置拖曳一个文本框，将复制的文字粘贴到文本框中，将文字选取，在"控制面板"中选择合适的字体并设置文字大小，取消文字选取状态，效果如图 9-234 所示。

（8）选择"文字"工具 ，选取需要的文字，如图 9-235 所示，在"控制面板"中选择合适的字体，取消文字的选取状态，效果如图 9-236 所示。用相同方法编辑其他内容文字，效果如图 9-237 所示。

| 图 9-234 | 图 9-235 |

| 图 9-236 | 图 9-237 |

（9）选择"文字"工具 ，选取需要的文字，在"控制面板"中将"行距" 选项设置为 9 点，按<Enter>键，在页面中空白处单击鼠标，取消文字选取状态，效果如图 9-238 所示。

图 9-238

3．添加图片及介绍性文字

（1）选择"文件＞置入"命令，弹出"置入"对话框，选择光盘中的"Ch09＞素材＞制作杂志内页＞14"文件，单击"打开"按钮，在页面中空白处单击鼠标左键置入图片。选择"自由变换"工具，将图片拖曳到适当的位置并调整其大小，效果如图 9-239 所示。用相同方法将光盘中的"Ch09 > 素材 > 制作杂志内页 > 15、16、17"文件置入到页面中，分别将图片拖曳到适当的位置并调整其大小，效果如图 9-240 所示。

图 9-239　　　　　　　　　　　图 9-240

（2）选取并复制记事本文档中需要的文字。返回到 InDesign 页面中，选择"文字"工具，在适当的位置拖曳一个文本框，将复制的文字粘贴到文本框中，将文字选取，在"控制面板"中选择合适的字体并设置文字大小，效果如图 9-241 所示。单击"段落样式"面板面板下方的"创建新样式"按钮，生成新的段落样式并将其命名为"小标题 3"，如图 9-242 所示。

图 9-241　　　　　　　　　　　图 9-242

（3）选取并复制记事本文档中需要的文字。返回到 InDesign 页面中，选择"文字"工具，在适当的位置拖曳一个文本框，将复制的文字粘贴到文本框中，将文字选取，在"控制面板"中选择合适的字体并设置文字大小，效果如图 9-243 所示。在"控制面板"中将"行距"选项设置为 18 点，按 <Enter> 键，效果如图 9-244 所示。

图 9-243　　　　　　　　　　　图 9-244

（4）选择"段落"面板，将"首行左缩进"选项设置为 8 毫米，如图 9-245 所示，文字效果如图 9-246 所示。

图 9-245   图 9-246

（5）按<F5>键，弹出"色板"面板，将面板中的"色调"选项设置为 80%，如图 9-247 所示，文字效果如图 9-248 所示。单击"段落样式"面板下方的"创建新样式"按钮 ，生成新的段落样式并将其命名为"内容文字 2"，如图 9-249 所示。

图 9-247   图 9-248   图 9-249

（6）选取并复制记事本文档中需要的文字。返回到 InDesign 页面中，选择"文字"工具 ，在适当的位置拖曳一个文本框，将复制的文字粘贴到文本框中，将文字选取，在"段落样式"面板中单击"小标题 3"样式，取消文字的选取状态，效果如图 9-250 所示。

（7）选择"文字"工具 ，选取文字"复"，在"控制面板"中设置适当的文字大小，取消文字选取状态，效果如图 9-251 所示。选取文字"古戒指"，在"控制面板"中将"基线偏移" 选项设置为 -7 点，按<Enter>键，取消文字的选取状态，效果如图 9-252 所示。

美丽女人的饰品情缘

　　"一半是女人，一半是饰品，加起来才是真正美丽的女人。"这种怪论，可能您还没有听说过。但是，时尚社会发展的潮流，正在验证这种说法。您看看时装展示会T型台上光彩照人的模特，您再看看街头基楚动人的靓女舞动的裙裾，您在欣赏她们的风姿绰约、仪态万千之时，您又看见了什么？那不经意间流露出的时尚饰品，是不是牵走我们更多的视线，让我们为之顾盼不已，为之欣羡和赞誉，为之追捧模仿，这就是时尚饰品的魅力……

复古戒指

复古戒指　　　**复**古戒指

图 9-250   图 9-251   图 9-252

（8）选取并复制记事本文档中需要的文字。返回到 InDesign 页面中，选择"文字"工具 ，在适当的位置拖曳一个文本框，将复制的文字粘贴到文本框中，将文字选取，在"段落样式"面板中单击"内容文字 2"样式，如图 9-253 所示，取消文字的选取状态，文字效果如图 9-254 所示。

图 9-253　　　　　　　　　　　　　　　　　图 9-254

（9）选取并复制记事本文档中需要的文字。返回到 InDesign 页面中，选择"文字"工具 T，在适当的位置拖曳一个文本框，将复制的文字粘贴到文本框中，将文字选取，在"控制面板"中选择合适的字体并设置文字大小，效果如图 9-255 所示。在"控制面板"中，将"字符间距" AV ⬚ 0 选项设置为 100，按<Enter>键。并设置填充色的 CMYK 值为 45、100、0、0，填充文字，取消文字的选取状态，效果如图 9-256 所示。

图 9-255　　　　　　　　　　　　　　　　　图 9-256

（10）选取并复制记事本文档中需要的文字。返回到 InDesign 页面中，选择"文字"工具 T，在适当的位置拖曳一个文本框，将复制的文字粘贴到文本框中，将文字选取，在"控制面板"中选择合适的字体并设置文字大小，效果如图 9-257 所示。在"控制面板"中将"字符间距" AV ⬚ 0 选项设置为 –20，按<Enter>键，效果如图 9-258 所示。

图 9-257　　　　　　　　　　　　　　　　　图 9-258

（11）单击"段落样式"面板下方的"创建新样式"按钮 ⬚ ，生成新的段落样式并将其命名为"珠宝"，如图 9-259 所示。

（12）选取并复制记事本文档中需要的文字。返回到 InDesign 页面中，选择"文字"工具 T，在适当的位置拖曳一个文本框，将复制的文字粘贴到文本框中，将文字选取，在"段落样式"面板中单击"小标题 3"样式，如图 9-260 所示，取消文字的选取状态，文字效果如图 9-261 所示。

图 9-259　　　　　　　图 9-260　　　　　　　　　　图 9-261

（13）选取并复制记事本文档中需要的文字。返回到 InDesign 页面中，选择"文字"工具 ，
在适当的位置拖曳一个文本框，将复制的文字粘贴到文本框中，将文字选取，在"段落样式"面
板中单击"内容文字 2"样式，如图 9-262 所示，取消文字的选取状态，文字效果如图 9-263 所示。

图 9-262　　　　　　　　　　　　图 9-263

（14）选择"文件 > 置入"命令，弹出"置入"对话框，选择光盘中的"Ch09> 素材 > 制
作杂志内页 >18"文件，单击"打开"按钮，在页面中空白处单击鼠标左键置入图片。选择"自
由变换"工具 ，将图片拖曳到适当的位置并调整其大小，效果如图 9-264 所示。杂志内页制作
完成，效果如图 9-265 和图 9-266 所示。

图 9-264　　　　　　　　　　　　图 9-265

图 9-266

9.3.2　确定并选取目标页面和跨页

在"页面"面板中双击其图标（或位于图标下的页码），在页面中确定并选取目标页面或跨页。

在文档中单击页面、该页面上的任何对象或文档窗口中该页面的粘贴板来确定并选取目标页面和跨页。

单击目标页面的图标，如图 9-267 所示，可在"页面"面板中选取该页面。在视图文档中确定的页面为第一页，要选取目标跨页，单击图标下的页码即可，如图 9-268 所示。

图 9-267　　　　　　　　　　　　　图 9-268

9.3.3　以两页跨页作为文档的开始

选择"文件 > 文档设置"命令，确定文档至少包含 3 个页面，已勾选"对页"选项，单击"确定"按钮，效果如图 9-269 所示。设置文档的第一页为空，按住<Shift>键的同时，在"页面"面板中选取除第一页外的其他页面，如图 9-270 所示。单击面板右上方的图标█，在弹出的菜单中取消选择"允许选定的跨页随机排布"命令，如图 9-271 所示，"页面"面板如图 9-272 所示。在"页面"面板中选取第一页，单击"删除选中页面"按钮 🗑，"页面"面板如图 9-273 所示，页面区域如图 9-274 所示。

图 9-269　　　　　　　　　　　　　　　　　　　　图 9-270

图 9-271　　　　　　　　　　图 9-272　　　　　　图 9-273

图 9-274

9.3.4　添加新页面

在"页面"面板中单击"新建页面"按钮 ，如图 9-275 所示，在活动页面或跨页之后将添加一个页面，如图 9-276 所示。新页面将与现有的活动页面使用相同的主页。

图 9-275　　　　　图 9-276

选择"版面 > 页面 > 插入页面"命令，或单击"页面"面板右上方的图标 ，在弹出的菜单中选择"插入页面"命令，如图 9-277 所示，弹出"插入页面"对话框，如图 9-278 所示。

图 9-277   图 9-278

"页数"选项：指定要添加页面的页数。

"插入"选项：插入页面的位置，并根据需要指定页面。

"主页"选项：添加的页面要应用的主页。

设置需要的选项，如图 9-279 所示，单击"确定"按钮，效果如图 9-280 所示。

图 9-279   图 9-280

9.3.5   移动页面

选择"版面 > 页面 > 移动页面"命令，或单击"页面"面板右上方的图标，在弹出的菜单中选择"移动页面"命令，如图 9-281 所示，弹出"移动页面"对话框，如图 9-282 所示。

图 9-281   图 9-282

"移动页面"选项：指定要移动的一个或多个页面。

"目标"选项：指示将移动到的位置，并根据需要指定页面。

"移至"选项：指定移动的目标文档。

设置需要的选项，如图 9-283 所示，单击"确定"按钮，效果如图 9-284 所示。

图 9-283

图 9-284

在"页面"面板中单击选取需要的页面图标，如图 9-285 所示，按住鼠标左键将其拖曳至适当的位置，如图 9-286 所示，松开鼠标左键，将选取的页面移动到适当的位置，效果如图 9-287 所示。

图 9-285

图 9-286

图 9-287

9.3.6　复制页面或跨页

在"页面"面板中单击选取需要的页面图标。按住鼠标左键并将其拖曳到面板下方的"新建页面"按钮 上，可复制页面。单击面板右上方的图标 ，在弹出的菜单中选择"直接复制页面"命令，也可复制页面。

按住<Alt>键的同时，在"页面"面板中单击选取需要的页面图标（或页面范围号码），如图 9-288 所示，按住鼠标左键并将其拖曳到需要的位置，当鼠标变为图标 时，如图 9-289 所示，在文档末尾将生成新的页面，"页面"面板如图 9-290 所示。

图 9-288

图 9-289

图 9-290

注意 复制页面或跨页也将复制页面或跨页上的所有对象。复制的跨页到其他跨页的文本串接将被打断，但复制的跨页内的所有文本串接将完整无缺，和原始跨页中的所有文本串接一样。

9.3.7 删除页面或跨页

在"页面"面板中，将一个或多个页面图标或页面范围号码拖曳到"删除选中页面"按钮 🗑 上，删除页面或跨页。

在"页面"面板中，选取一个或多个页面图标，单击"删除选中页面"按钮 🗑 ，删除页面或跨页。

在"页面"面板中，选取一个或多个页面图标，单击面板右上方的图标 🔳 ，在弹出的菜单中选择"删除页面/删除跨页"命令，删除页面或跨页。

9.4　课堂练习——制作美食杂志

【练习知识要点】使用段落样式面板添加并应用新样式，使用置入命令置入图片，使用矩形工具、椭圆形工具和不透明度命令制作图形的不透明度效果，使用文字工具和效果面板制作文字投影，如图 9-291 所示。

【效果所在位置】光盘/Ch09/效果/制作美食杂志.indd。

图 9-291

9.5　课后习题——制作琪美家具宣传手册

【习题知识要点】使用段落样式面板创建并应用新样式，使用置入命令置入不同格式的图片，使用矩形工具和角选项制作圆角矩形，如图 9-292 所示。

【效果所在位置】光盘/Ch09/效果/琪美家具手册封面、琪美家具手册扉页、琪美家具手册正文.indd。

图 9-292

第10章
编辑书籍和目录

本章介绍 InDesign CS5 中书籍和目录的编辑和应用方法。掌握编辑书籍、目录的方法和技巧，可以帮助读者完成更加复杂的排版设计项目，提高排版的专业技术水平。

课堂学习目标

- 创建目录
- 创建书籍

10.1 创建目录

目录可以列出书籍、杂志或其他出版物的内容，可以显示插图列表、广告商或摄影人员名单，也可以包含有助于在文档或书籍文件中进行查找的信息。

10.1.1 课堂案例——制作杂志目录

【案例学习目标】学习使用文字工具、段落样式面板和目录命令制作杂志目录。

【案例知识要点】使用置入命令制作图片效果，使用文字工具添加文字效果，使用段落样式面板和目录命令提取目录，如图 10-1 所示。

【效果所在位置】光盘/Ch10/效果/制作杂志目录.indd。

图 10-1

1. 添加装饰图片和文字

（1）选择"文件 > 新建 > 文档"命令，弹出"新建文档"对话框，如图 10-2 所示。单击"边距和分栏"按钮，弹出"边距和分栏"对话框，选项设置如图 10-3 所示，单击"确定"按钮，新建一个页面。选择"视图 > 其他 > 隐藏框架边缘"命令，将所绘制图形的框架边缘隐藏。

图 10-2

图 10-3

（2）选择"版面 > 页码和章节选项"命令，弹出"页码和章节选项"对话框，在"起始页码"选项右侧的文本框输入 2，如图 10-4 所示，单击"确定"按钮，页面中将以跨页显示。

（3）选择"文件 > 置入"命令，弹出"置入"对话框，选择光盘中的"Ch10> 素材 > 制作杂志目录 > 01"文件，单击"打开"按钮，在页面中空白处单击鼠标置入图片。选择"自由变换"工具，将其拖曳到适当的位置，并调整大小，效果如图 10-5 所示。

（4）选择"文字"工具，在页面中拖曳一个文本框，输入需要的文字。将输入的文字选取，在"控制面板"中选择合适的字体并设置文字大小，效果如

图 10-4

图 10-6 所示。在"控制面板"中将"字符间距" 选项设置为 – 50，按<Enter>键。并设置填充色的 CMYK 值为 0、0、0、54，填充文字，取消文字的选取状态，效果如图 10-7 所示。

图 10-5　　　　　　　　　　图 10-6　　　　　　　　　　图 10-7

（5）选择"文字"工具 T.，在页面中拖曳一个文本框，输入需要的文字。将输入的文字选取，在"控制面板"中选择合适的字体并设置文字大小，效果如图 10-8 所示。在"控制面板"中将"字符间距" 选项设置为 – 50，按<Enter>键，取消文字的选取状态，效果如图 10-9 所示。

（6）选择"文字"工具 T.，选取文字"Contents"，设置填充色的 CMYK 值为 12、60、30、0，填充文字，取消文字的选取状态，效果如图 10-10 所示。

12/07/03
Special Contents

12/07/03
Special Contents

图 10-8　　　　　　　　　　　　　　　　图 10-9

12/07/03
Special Contents

图 10-10

（7）选择"文字"工具 T.，在页面中右下角拖曳一个文本框，输入需要的文字。将输入的文字选取，在"控制面板"中选择合适的字体并设置文字大小，如图 10-11 所示。在"控制面板"中将"字符间距" 选项设置为 – 50，按<Enter>键。并设置填充色的 CMYK 值为 12、60、30、0，填充文字，取消文字的选取状态，效果如图 10-12 所示。

图 10-11　　　　　　　　　　图 10-12

2．制作目录

（1）选择"文字"工具 T，在页面中拖曳一个文本框，输入需要的文字。将输入的文字选取，在"控制面板"中选择合适的字体并设置文字大小，如图 10-13 所示。在"控制面板"中将"字符间距" 选项设置为-50，按<Enter>键，取消文字的选取状态，效果如图 10-14 所示。

图 10-13

图 10-14

（2）选择光盘中的"Ch09 > 效果 > 制作杂志内页"文件，在"段落样式"面板中，单击面板下方的"创建新样式"按钮 ，生成新的段落样式并将其命名为"目录 1"，如图 10-15 所示。双击"目录 1"样式，弹出"段落样式选项"对话框，单击"基本字符格式"选项，弹出相应的对话框，选项的设置如图 10-16 所示；单击"制表符"选项，弹出相应的对话框，选项的设置如图 10-17 所示，单击"确定"按钮。

图 10-15

图 10-16

图 10-17

（3）在"段落样式"面板中，单击面板下方的"创建新样式"按钮 ，生成新的段落样式并将其命名为"目录 2"，如图 10-18 所示。双击"目录 2"样式，弹出"段落样式选项"对话框，单击"基本字符格式"选项，弹出相应的对话框，选项的设置如图 10-19 所示；单击"制表符"选项，弹出相应的对话框，选项的设置如图 10-20 所示，单击"确定"按钮。

图 10-18

图 10-19　　　　　　　　　　　　　　　图 10-20

（4）选择"版面 > 目录"命令，弹出"目录"对话框，如图 10-21 所示，单击"更多选项"按钮，弹出如图 10-22 所示的选项，在"其他样式"列表中选择"服饰"样式，单击"添加"按钮，将"服饰"添加到"包含段落样式"列表中，如图 10-23 所示，在"样式：服饰"选项组中，单击"条目样式"选项右侧的按钮，在弹出的菜单中选择"目录 1"，单击"页码"选项右侧的按钮，在弹出的菜单中选择"条目前"，如图 10-24 所示。

图 10-21　　　　　　　　　　　　　　　图 10-22

图 10-23　　　　　　　　　　　　　　　图 10-24

（5）在"其他样式"列表中选择"美肤"样式，单击"添加"按钮，将"美肤"样式添加到

"包含段落样式"列表中,其他选项设置如图 10-25 所示,用相同方法添加"珠宝"样式,并删除"标题"选项,如图 10-26 所示。

图 10-25　　　　　　　　　　　图 10-26

(6)在"其他样式"列表中选择"小标题 1"样式,单击"添加"按钮,将"小标题 1"样式添加到"包含段落样式"列表中,在"样式:小标题 1"选项组中,单击"条目样式"选项右侧的按钮☑,在弹出的菜单中选择"目录 2",单击"页码"选项右侧的按钮☑,在弹出的菜单中选择"条目前",单击"级别"选项右侧的按钮☑,在弹出的菜单中选择"2",如图 10-27 所示,用相同方法添加其他样式,如图 10-28 所示,单击"确定"按钮,在页面中空白处拖曳鼠标绘制文本框,效果如图 10-29 所示。选择"选择"工具 ,在"段落样式"面板中,单击面板下方的"清除选区中的优先选项"按钮 ,段落效果如图 10-30 所示。

图 10-27　　　　　　　　　　　图 10-28

图 10-29　　　　　　　　　　　图 10-30

（7）选择"文字"工具 T，选取需要的文字，如图 10-31 所示，按<Ctrl>+<X>组合键，将文字剪切到剪贴板上，将鼠标光标插入到适当的位置，如图 10-32 所示，按<Enter>键，按<Ctrl>+<V>组合键，粘贴文字，效果如图 10-33 所示，按<Delete>键，效果如图 10-34 所示。

图 10-31　　　　图 10-32　　　　图 10-33　　　　图 10-34

（8）选择"选择"工具，单击选取需要的段落文字，按<Ctrl>+<C>组合键，复制段落，返回到目录页面中，按<Ctrl>+<V>组合键，粘贴段落，并将其拖曳到适当的位置，效果如图 10-35 所示。

图 10-35

（9）选择"直线"工具，按住<Shift>键的同时，在页面中适当的位置绘制一条直线，在"控制面板"中将"描边粗细" 0.283 选项设置为 1 点，按<Enter>键，效果如图 10-36 所示。在页面中空白处单击，取消选取状态，杂志目录制作完成，效果如图 10-37 所示。按<Ctrl>+<S>组合键，弹出"存储为"对话框，将其命名为"制作杂志目录"，单击"保存"按钮，将其存储。

图 10-36　　　　　　　图 10-37

10.1.2　生成目录

生成目录前，先确定应包含的段落（如章、节标题），为每个段落定义段落样式。确保将这些样式应用于单篇文档或编入书籍的多篇文档中的所有相应段落。

在创建目录时，应在文档中添加新页面。选择"版面 > 目录"命令，弹出"目录"对话框，如图 10-38 所示。

图 10-38

"标题"选项：键入目录标题。将显示在目录顶部。要设置标题的格式，从"样式"菜单中选择一个样式。

通过双击"其他样式"列表中的段落样式，将其添加到"包含段落样式"列表中，以确定目录包含的内容。

"创建 PDF 书签"选项：将文档导出为 PDF 时，在 Adobe Acrobat 8 或 Adobe Reader® 的"书签"面板中显示目录条目。

"替换现有目录"选项：替换文档中所有现有的目录文章。

"包含书籍文档"选项：为书籍列表中的所有文档创建一个目录，重编该书的页码。如果只想为当前文档生成目录，则取消勾选此选项。

"编号的段落"选项：若目录中包括使用编号的段落样式，指定目录条目是包括整个段落（编号和文本）、只包括编号还是只包括段落。

"框架方向"选项：指定要用于创建目录的文本框架的排版方向。

单击"更多选项"命令，将弹出设置目录样式的选项，如图 10-39 所示。

图 10-39

"条目样式"选项：对应"包括段落样式"中的每种样式，选择一种段落样式应用到相关联的目录条目。

"页码"选项：选择页码的位置，在右侧的"样式"选项中选择页码需要的字符样式。

"条目与页码间"选项：指定要在目录条目及其页码之间显示的字符。可以在弹出列表中选择其他特殊字符。在右侧的"样式"选项中选择需要的字符样式。

"按字母顺序对条目排序（仅为西文）"选项：将按字母顺序对选定样式中的目录条目进行排序。

"级别"选项：默认情况下，"包含段落样式"列表中添加的每个项目比它的直接上层项目低一级。可以通过为选定段落样式指定新的级别编号来更改这一层次。

"接排"选项：所有目录条目接排到某一个段落中。

"包含隐藏图层上的文本"选项：在目录中包含隐藏图层上的段落。当创建其自身在文档中为不可见文本的广告商名单或插图列表时，选取此选项。

设置需要的选项，如图 10-40 所示，单击"确定"按钮，将出现载入的文本光标▤，在页面中需要的位置拖曳光标，创建目录，效果如图 10-41 所示。

拖曳光标时应避免将目录框架串接到文档中的其他文本框架。如果替换现有目录，则整篇文章都将被更新后的目录替换。

图 10-40

图 10-41

注意 应避免将目录框架串接到文档中的其他文本框架。如果替换现有目录，则整篇文章都将被更新后的目录替换。

10.1.3 创建具有定位符前导符的目录条目

1. 创建具有定位符前导符的段落样式

选择"窗口 > 样式 > 段落样式"命令，弹出"段落样式"面板。双击应用目录条目的段落样式的名称，弹出"段落样式选项"对话框，单击左侧的"制表符"选项，弹出相应的面板，如图 10-42 所示。选择"右对齐制表符"图标↓，在标尺上单击放置定位符，在"前导符"选项中输入一个句点（.），如图 10-43 所示，单击"确定"按钮，创建具有制表符前导符的段落样式。

图 10-42　　　　　　　　　　　　　　　图 10-43

2．创建具有定位符前导符的目录条目

　　首先创建具有定位符前导符的段落样式，选择"版面 > 目录"命令，弹出"目录"对话框，在"包含段落样式"列表中选择在目录显示中带定位符前导符的项目，在"条目样式"选项中选择包含定位符前导符的段落样式。单击"更多选项"按钮，在"条目与页码间"选项中设置（^t），如图 10-44 所示，单击"确定"按钮，创建具有定位符前导符的目录条目，效果如图 10-45 所示。

图 10-44　　　　　　　　　　　　　　　　　图 10-45

10.2　创建书籍

　　书籍文件是一个可以共享样式、色板、主页及其他项目的文档集。可以按顺序给编入书籍的文档中的页面编号、打印书籍中选定的文档或者将它们导出为 PDF。

10.2.1　课堂案例——制作杂志书籍

【案例学习目标】学习使用书籍面板制作杂志书籍。

【案例知识要点】使用新建书籍命令和添加文档命令制作杂志书籍，如图 10-46 所示。
【效果所在位置】光盘/Ch10/效果/制作杂志书籍.indd。

图 10-46

（1）选择"文件 > 新建 > 书籍"命令，弹出"新建书籍"对话框，将文件命名为"杂志书籍"，如图 10-47 所示，单击"保存"按钮，弹出"杂志书籍"面板，如图 10-48 所示。

（2）单击面板下方的"添加文档"按钮 ，弹出"添加文档"对话框，选取制作杂志封面、制作杂志目录、制作杂志内页，单击"打开"按钮，将其添加到"杂志书籍"面板中，如图 10-49 所示。

图 10-47　　　　　　　　　　图 10-48　　　　　　　　　　图 10-49

10.2.2　在书籍中添加文档

单击"书籍"面板下方的"添加文档"按钮 ，弹出"添加文档"对话框，选取需要的文件，如图 10-50 所示，单击"打开"按钮，在"书籍"面板中添加文档，如图 10-51 所示。

图 10-50　　　　　　　　　　图 10-51

单击"书籍"面板右上方的图标，在弹出的菜单中选择"添加文档"命令，弹出"添加文档"对话框，选取需要的文档，单击"打开"按钮，可添加文档。

10.2.3　管理书籍文件

每个打开的书籍文件均显示在"书籍"面板中各自的选项卡中。如果同时打开了多本书籍，则单击某个选项卡可将对应的书籍调至前面，从而访问其面板菜单。

在文档条目后面的图标表示当前文档的状态。

没有图标出现表示关闭的文件。

图标表示文档被打开。

图标表示文档被移动、重命名或删除。

图标表示在书籍文件关闭后，被编辑过或重新编排页码的文档。

1．存储书籍

单击"书籍"面板右上方的图标，在弹出的菜单中选择"将书籍存储为"命令，弹出"将书籍存储为"对话框，指定一个位置和文件名，单击"保存"按钮，可使用新名称存储书籍。

单击"书籍"面板右上方的图标，在弹出的菜单中选择"存储书籍"命令，将书籍保存。

单击"书籍"面板下方的"存储书籍"按钮，保存书籍。

2．关闭书籍文件

单击"书籍"面板右上方的图标，在弹出的菜单中选择"关闭书籍"命令，关闭单个书籍。

单击"书籍"面板右上方的按钮，可关闭一起停放在同一面板中的所有打开的书籍。

3．删除书籍文档

在"书籍"面板中选取要删除的文档，单击面板下方的"移去文档"按钮，从书籍中删除选取的文档。

在"书籍"面板中选取要删除的文档，单击"书籍"面板右上方的图标，在弹出的菜单中选择"移去文档"命令，从书籍中删除选取的文档。

4．替换书籍文档

单击"书籍"面板右上方的图标，在弹出的菜单中选择"替换文档"命令，弹出"替换文档"对话框，指定一个文档，单击"打开"按钮，可替换选取的文档。

10.3　课堂练习——制作美食杂志目录

【练习知识要点】使用矩形工具和渐变色板工具制作背景效果，使用置入命令和贴入内部命令制作图片的效果，使用段落样式面板和目录命令提取目录，如图 10-52 所示。

【效果所在位置】光盘/Ch10/效果/制作美食杂志目录.indd。

图 10-52

10.4 课后习题——制作琪美家具宣传手册

【习题知识要点】使用文字工具、矩形工具和椭圆工具制作目录标题，使用段落样式面板和目录命令提取目录，使用置入命令和对齐面板添加并排列图片，使用新建书籍命令和添加文档命令制作书籍，如图 10-53 所示。

【效果所在位置】光盘/Ch10/效果/制作琪美家具宣传手册、琪美家具手册目录.indd。

图 10-53